# 信息隐藏与数字水印

（第 2 版）

雷 敏 杨 榆 主编

北京邮电大学出版社
www.buptpress.com

## 内容简介

本教材共7章。内容包含信息隐藏和数字水印的发展历史、基本概念、应用和性能评价指标概述；音频和图像基础知识；音频信息隐藏与数字水印；图像信息隐藏与数字水印；文本信息隐藏、软件水印和视频水印；信息隐藏分析；所有实验的实验指导书。前6章每章都有课后习题，本教材还提供两套包含单项选择题、填空题、判断题和简答题的习题库。

本教材将采取案例任务教学的驱动模式，理论内容围绕实践案例展开。教材共提供10个实践案例，实践案例提供学习目标、学习任务单和学习内容。每个实践案例包含多个实践任务，学生在完成实践案例时可参考书中详细的实验指导书，实验指导中代码的编程语言由第1版的Matlab改为Python。同时本教材还录制了所有实践案例的微视频，通过扫描教材中的二维码可观看实践案例的原理讲解和实践操作的微视频。

本教材还提供完善的立体化教学资源，包括授课PPT课件、实验代码、实验素材、教学习题库和参考答案等。

本教材可作为相关学校网络空间安全、信息安全、密码科学与技术、信息安全技术与应用、密码技术应用、司法信息安全、网络安全与执法和计算机等相关专业学生的教材和参考书。

**图书在版编目（CIP）数据**

信息隐藏与数字水印 / 雷敏，杨榆主编．--2版．
北京 ：北京邮电大学出版社，2024. -- ISBN 978-7
-5635-7353-0

Ⅰ. TP309；TN911. 73

中国国家版本馆CIP数据核字第2024XV4790号

**策划编辑：**马晓仟　**责任编辑：**刘　颖　**责任校对：**张会良　**封面设计：**七星博纳

**出版发行：**北京邮电大学出版社
**社　　址：**北京市海淀区西土城路10号
**邮政编码：**100876
**发 行 部：**电话：010-62282185　传真：010-62283578
**E-mail：**publish@bupt. edu. cn
**经　　销：**各地新华书店
**印　　刷：**保定市中画美凯印刷有限公司
**开　　本：**787 mm×1 092 mm　1/16
**印　　张：**9. 25
**字　　数：**224千字
**版　　次：**2017年9月第1版　2024年10月第2版
**印　　次：**2024年10月第1次印刷

ISBN 978-7-5635-7353-0　定价：28. 00元

Foreword

党的二十大报告指出，推进国家安全体系和能力现代化，坚决维护国家安全和社会稳定。近年来，数字化和信息化在带来种种便利的同时，也带来诸多安全隐患，如非法获取个人信息、网络诈骗等违法犯罪活动，网络攻击、网络窃密等危及国家安全的行为。网络与信息安全成为数字经济时代的重要基石。网络与信息安全不仅关乎个人安全、企业安全，更关乎国家安全。

网络与信息安全需要大量具备实战能力的优秀人才，优秀教材是网络与信息安全实战化专业人才培养的关键。但，这却是一项十分艰巨的任务。原因有二：其一，网络与信息安全的涉及面非常广，至少包括密码学、数学、计算机、操作系统、通信工程、信息工程、数据库等多门学科，其知识体系庞杂、难以梳理；其二，网络与信息安全实践性强，技术发展更新快，对环境和师资要求高，难以用一本教材进行概括和更新。

信息隐藏与数字水印是网络空间安全研究的重要内容之一。本教材作者于 2017 年在北京邮电大学出版社出版了《信息隐藏与数字水印》这一教材，教材重点参考北京邮电大学钮心忻教授主编的《信息隐藏与数字水印》(普通高等教育“十五”国家级规划教材)和作者的《信息隐藏与数字水印实验教程》(该教材获得 2015 年中国通信学会年科学技术三等奖)。《信息隐藏与数字水印》出版后被众多高校选用，2023 年该教材入选首批“十四五”职业教育国家规划教材。

很多高校师生在本教材第 1 版使用过程中提出很多宝贵建议，为适应新技术的发展，加强实践教学，本教材精简了理论内容，大幅度增加了实践内容，所有的教学围绕实践案例任务教学展开。本教材具体修订如下。

**1. 理论**

(1) 本教材精简了理论内容，删除了需要较难数学知识支撑的理论内容和理论难度较大的算法；将部分基本概念和基础知识合并，力求调整后章节更合理，内容循序渐进，更符合教学规律；第 1 版理论部分共 9 章，第 2 版理论部分共 6 章。

(2) 每章增加了知识目标、能力目标和素质目标等教学目标,以及该章教学重点和难点。

(3) 每章增加了“本章小结”,“本章小结”介绍本章需要掌握的知识点,读者可以通过“本章小结”对照检验自己是否已经掌握本章所需掌握的知识点。

**2. 实践**

(1) 本教材大幅度增加了实践内容,教材共提供了10个实践案例,所有教学围绕实践案例任务教学展开。

(2) 每个实践案例都提供了学习目标、学习任务单和学习内容,更加注重实践能力的培养。

(3) 每个实践案例包含多个实践任务,完成实践案例时可参考教材中的详细实验指导书,实验指导书中代码的编程语言由本教材第1版的Matlab改为Python。

(4) 实践案例六、七和八扩展后可作为课程期末综合大作业、课程设计或毕业设计题目。

(5) 本教材录制了所有实践案例的微视频,通过扫描教材中每个实践案例所带的二维码即可观看实践案例的原理讲解和实践操作的微视频。

**3. 习题库**

(1) 本教材第1~6章都配有课后习题,可让同学们在学习理论知识和完成实践任务时带着问题学习和思考,有助于理解课程内容。为了更好地理解和掌握课后习题,本教材附录1给出了第1~6章课后习题的参考答案。

(2) 除每章课后习题外,本教材将作者多年授课过程中的习题汇编成两套习题库(见附录2和附录3),习题库的题型包括单项选择题、填空题、判断题和简答题,此部分删除了第1版中理论性和算法要求较高的名词解释题和综合实战题。习题库配有参考答案。

**4. 立体化教学资源**

(1) 本教材提供了教材教学PPT课件,并根据授课教师的反馈修改完善了教学PPT课件。

(2) 本教材提供了完成实践任务所需的工具、源代码和素材。

本教材参考了北京邮电大学网络空间安全学院信息安全中心多年来信息隐藏和数字水印方面的资料,在此无法一一列举,向这些资料的作者表示感谢。同时,本教材还参考了信息隐藏与数字水印领域大量经典算法和参考书籍,在此对这些算法的提出者和图书作者表示感谢。

在本教材编写过程中，作者与使用过本教材第1版的授课教师以及企事业单位进行过多次沟通，广西安全工程职业技术学院信息安全系姚文龙老师和中国铁路沈阳局集团有限公司信息技术所林佳琳给出了很多建议。同时，北京邮电大学的侯旺、张力元、张潇涵、林逸涵和崔航等同学为本教材素材的整理做了大量工作。

由于作者水平有限，教材中难免出现各种疏漏和不当之处，欢迎大家批评指正。同时，本教材提供教学PPT课件，实践所需工具、代码和素材等立体资源供读者使用，请联系北京邮电大学出版社编辑(邮箱:2449868465@qq.com)。欢迎使用本教材的授课教师提出宝贵建议(作者的邮箱:leimin@bupt.edu.cn)。

作　者

**2024年4月**

# 目录

Contents

# 第 1 章

# 概　　述

【教学目标】

- 知识目标

  了解信息隐藏和数字水印的基本概念；

  了解信息隐藏的应用领域。

- 能力目标

  掌握信息隐藏工具的使用方法。

- 素质目标

  理解信息隐藏对于信息通信安全的重要性。

【重点难点】

理解信息隐藏和密码学的区别；掌握常用信息隐藏工具的使用方法；理解评价数字水印和信息隐藏算法性能的 3 个最重要指标。

## 1.1 什么是数字水印和信息隐藏

随着计算机技术和网络技术的发展，越来越多的多数字化多媒体内容信息（图像、视频、音频等）以各种形式在网络上快速地交流和传播。在开放的网络环境下，如何对数字化多媒体内容进行有效的管理和保护，成为信息安全领域的研究热点。对于上述问题，人们最初的想法是使用传统密码学。但传统加密手段在对数字内容的管理和保护上存在一定缺陷。为此，人们开始寻找新的解决方法来作为传统密码系统的补充。多媒体数字内容在网络上传播和扩散带来一系列问题和应用需求，从总体上来说可分为两大部分：多媒体数字内容的版权保护问题和伪装式保密通信，它们都属于信息隐藏研究的范畴。

很多文献经常混淆信息隐藏、数字水印、隐写术和隐写分析，为了更好地对本教材的内容进行介绍，本教材采用以下定义。

(1) 信息隐藏（Information Hiding）：信息隐藏是通过对载体进行难以被感知的改动

来嵌入信息的技术。

(2) 隐写术(Steganography):隐写术是通过对载体进行难以被感知的改动来嵌入秘密信息的技术。steganography 这一英文单词来源于希腊语词根:steganos 和 graphie。steganos 指"有遮盖物的";graphie 指"写"。因此,steganography 的字面意思即为"隐写"。隐写术是以表面正常的数字载体,如文本、图像、音频、视频、网络协议和二进制可执行程序等,作为掩护,将秘密信息隐藏在载体中进行传递以实现不为人知的隐蔽通信。隐写术的目标是隐藏秘密信息存在的事实。

(3) 数字水印(Digital Watermarking):数字水印是通过对载体进行难以被感知的改动,来嵌入与载体有关的信息的技术。嵌入的信息不一定是秘密的,数字水印需要保护的是载体。

(4) 隐写分析(Steganalysis):隐写分析是检测、提取、破坏隐写载体中秘密信息的技术。

(5) 原始载体:原始载体是还未隐藏秘密信息的载体。

(6) 携密载体:携密载体是已经隐藏秘密信息的载体。

信息隐藏的载体可以是图像、音频、视频、网络协议、文本和各类数据等。在不同载体中,信息隐藏方法有所不同,需要根据载体特征选择合适的信息隐藏算法。比如,图像、视频、音频中的信息隐藏,大部分都是利用人类感观对于这些载体信号的冗余来隐藏信息。而文本、网络协议和各类数据等就无法利用冗余度来隐藏信息,因此在这些没有冗余度或者冗余度很小的载体中隐藏信息,就需要采用其他方法。

隐写术与数字水印是信息隐藏的两个重要研究分支,采用的原理都是将一定量的信息嵌入载体中,但由于应用环境和应用场合不同,对具体性能要求不同。隐写术主要用在相互信任的点对点之间进行通信,隐写主要是保护嵌入载体中的秘密信息。隐写术注重信息的不可觉察性(透明性)和不可检测性,同时要求具有相当的隐藏容量以提高通信效率,隐写术一般不考虑鲁棒性。而数字水印要保护的对象是隐藏信息的载体,数字水印对鲁棒性(脆弱水印除外)的要求较高,对容量要求不高。数字水印有可见的和不可见的。

信息隐藏不同于传统的密码技术,传统密码技术将明文转换为密文,让非授权的第三方看不懂;信息隐藏主要是隐藏信息的存在,让非授权的第三方看不见。传统的密码技术与信息隐藏技术并不矛盾,也不互相竞争,而是有益地相互补充。它们可用在不同场合,而且这两种技术对算法要求不同,在实际应用中还可相互配合。隐藏了秘密信息后的携密载体会经过不安全信道传输,传输过程可能会遭受攻击者的攻击,攻击者试图提取携密载体中隐藏的秘密信息。可将加密技术和信息隐藏技术结合起来实现保密通信,在秘密信息嵌入载体之前先用加密技术对其加密,然后再将加密后的密文秘密信息嵌入载体中,这样,即便攻击者提取了携密载体中隐藏的秘密信息(当然,提取携密载体中隐藏的秘密信息这个过程非常难),提取出来的秘密信息也是密文,也看不懂。

例如,用户 A 需要将一个印章传输给用户 B,如果采用密码学的方式由用户 A 使用加密密钥加密传输给用户 B,如图 1-1 所示,印章会转成一串看不懂的信息传递给用户 B,

用户 B 收到以后用解密密钥解密以后就可得到原始印章。

图 1-1 用户 A 采用密码学的方式将印章信息传输给用户 B

如果采用信息隐藏的方式，用户 A 可用图 1-2(a)所示图像作为原始载体，把图 1-3 所示印章作为秘密信息嵌入图 1-2(a)，得到图 1-2(b)所示携密载体。从视觉效果上来看，图 1-2(a)和图 1-2(b)几乎没有差别。这就是密码学与信息隐藏的不同，密码学是让秘密信息看不懂，信息隐藏是让秘密信息看不见。携密载体图像〔图 1-2(b)〕传输到用户 B 后，用户 B 可采用相应提取算法提取出印章。

(a) 隐藏秘密信息前的原始载体

(b) 隐藏秘密信息后的携密载体

图 1-2 隐藏秘密信息前后载体对比

密码学与信息隐藏的抗干扰能力不同。如果采用密码学的方式传输秘密信息，攻击者对秘密信息进行攻击，修改秘密信息的很多比特位，那么用户 B 提取出来的秘密信息可能就是乱码，如图 1-4(a)所示。如果采用信息隐藏技术隐藏秘密信息，隐藏了秘密信息的携密载体也被攻击者攻击，攻击者会在携密载体中添加噪声，那么用户 B 从被攻击后的携密载体中可提取出有部

北京邮电
大学网络
空间安全

图 1-3 要传输的秘密信息印章

分内容的印章图像,如图 1-4(b)所示。

(a) 被攻击后提取的秘密信息为乱码

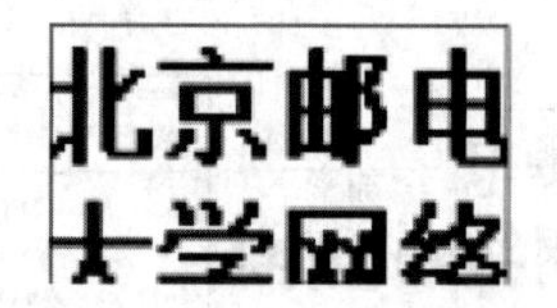


(b) 被攻击后提取的部分印章信息

图 1-4　攻击者对秘密信息进行攻击

### 1.1.1　信息隐藏的概念

首先,给出一些基本定义。A 打算秘密地传递一些信息给 B:A 需要从一个随机消息源中随机选取一个无关紧要的消息 $c$,当这个消息公开传递时,不会引起怀疑,称这个消息 $c$ 为原始载体;然后把需要秘密传递的信息 $m$ 隐藏到载体对象 $c$ 中,此时载体对象 $c$ 就变为携密载体 $c'$。携密载体和原始载体在感观上是不可区分的,即,当秘密信息 $m$ 嵌入原始载体后,携密载体的视觉感观(可视文件)、听觉感观(声音文件)或者一般的计算机统计分析都不会发现原始载体与携密载体有什么区别,这样就实现了信息的隐蔽传输,即掩盖了秘密信息传输的事实,实现了秘密信息的安全传递。

秘密信息的嵌入过程,可能需要密钥 $k$,为区别于加密密钥,信息隐藏的密钥称为**伪装密钥**。伪装密钥 $k$ 可能是秘密信息的隐藏位置。

如图 1-5 所示,通信一方 A 需要给另一方 B 秘密地传递一个消息,并且希望信息的传递不会引起任何人的怀疑和破坏。首先 A 从载体信息源中选择一个载体信号(它可以是任何一种多媒体信号),在选中的载体信息中使用信息嵌入算法,将秘密信息 $m$ 嵌入其中,嵌入算法中可能需要使用密钥。嵌入了信息的携密载体 $c'$ 通过公开信道传递给 B,B 知道 A 使用的嵌入算法和嵌入密钥,利用相应的提取算法将隐藏在携密载体中的秘密信息提取出来。提取过程中可能需要(或不需要)原始载体对象 $c$,这取决于 A、B 双方约定的信息嵌入算法。

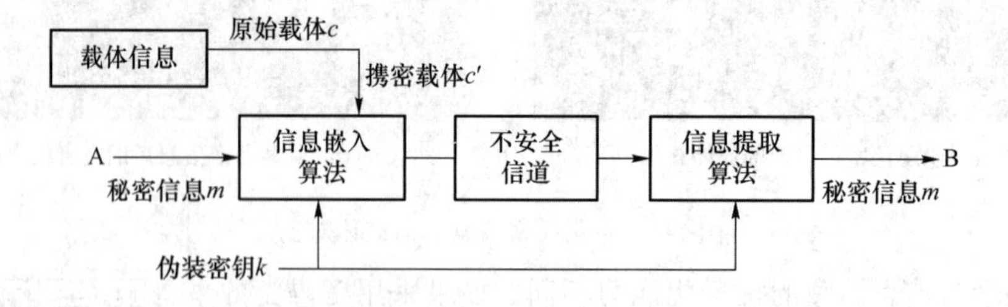


图 1-5　信息隐藏的原理框图

在信道上监视通信过程的第三方,他只能观察到通信双方之间传递的一组载体对象 $c_1, c_2, \cdots, c_n$,由于原始载体与携密载体很相似,或者说从感观上(甚至计算机的统计分析上)分辨不出哪些是原始载体,哪些是携密载体,因此,观察者无法确定在通信双方传递的信息中是否包含秘密信息。可见,不可视保密通信的安全性主要取决于第三方有没有能力区分原始载体和携密载体。

在载体信息源的产生上也应该建立一些约束，存在冗余空间的数据可作为载体。由于测量误差，任何数据都包含一个随机成分，称为测量噪声。这种测量噪声可用来掩饰秘密信息。例如，图像、声音、视频等，在数字化之后，都存在一定的测量误差，它们是不可被人类感观系统精确分辨的部分，因此，在这些测量误差的位置嵌入秘密信息，人类的感官系统将无法察觉。而另一些不存在冗余空间的数据也可作为载体，但它们携带秘密信息的方式就与前一类载体有所不同，因为不存在冗余空间的数据，不允许在数据上进行些许修改，否则将引起数据的改变。例如，文本文件编码的任何一个比特发生变化，都会得到错误的文字。所以，此类数据上的信息隐藏，应该考虑另外的方式。由此可见，我们需要针对不同的载体信号，设计不同的信息隐藏方式。

另外，应该有一个较大的载体信息库供选择，原则上，一个载体不应该使用两次。因为如果观察者能够得到载体的两个版本，那么他有可能利用两次的差别来重构秘密信息，或者破坏秘密信息。

### 1.1.2 数字水印的概念

数字水印是永久嵌入在原始载体中具有可鉴别性的数字信号或模式，并且不影响携密载体的可用性。不同应用对数字水印要求不尽相同，一般认为数字水印应具有如下特点。

#### 1. 安全性

在原始载体中隐藏数字水印是安全的，难以被发现、擦除、篡改或伪造，有较低的虚警率。

#### 2. 可证明性

数字水印能为原始载体的产品归属问题提供完全和可靠的证据。数字水印可是已注册的用户号码、产品标志或有意义的文字等，它们被嵌入到原始载体中，需要时可将其提取出来，判断原始载体是否受到保护，并能够监视被保护载体的传播以及非法复制，进行真伪鉴别等。一个好的水印算法应该能够提供完全没有争议的版权证明。

#### 3. 鲁棒性

数字水印难以被擦除。在不能得到水印全部信息（如水印数据、嵌入位置、嵌入算法、嵌入密钥等）的情况下，只知道部分信息，无法完全擦除水印，任何试图完全破坏水印的努力将对携密载体质量产生严重破坏，导致携密载体数据无法使用。一个好的水印算法应该对信号处理、通常的几何变形，以及恶意攻击具有一定鲁棒性。

通常，衡量一个水印算法的鲁棒性的方法是：检测水印抵抗如下处理的能力。

(1) 数据压缩处理。图像、声音、视频等信号的压缩算法是去掉这些信号中的冗余信息。通常，水印的不可感知性就是采用将水印信息嵌入在载体对感知不敏感的部位，而这些不敏感的部位经常是被压缩算法所去掉的部分。因此，一个好的水印算法应该考虑将水印嵌入在载体最重要的部分，尽量让任何压缩处理都无法去除水印。当然这样可能会降低载体的质量,但只要适当选取嵌入水印的强度,就可使得水印对载体质量的影响尽可能小,以至于不引起察觉。

(2) 滤波、平滑处理。水印应该具有低通特性,低通滤波和平滑处理应该无法删除水印。

(3) 量化与增强。水印应该能够抵抗对载体信号的 A/D、D/A 转换、重采样等处理,还有一些常规的图像操作,如图像在不同灰度级上的量化、亮度与对比度的变化、图像增强等,都不应该对水印产生严重的影响。

(4) 几何失真。目前,大部分水印算法对几何失真处理都非常脆弱,水印容易被擦除。几何失真包括图像尺寸大小变化、图像旋转、裁剪、删除或添加等。

数字水印算法通常包含两个基本方面:水印的插入(或嵌入)过程和水印的检测(或提取)过程。数字水印的加载和检测过程如图 1-6 和图 1-7 所示。有些特殊的算法可能有特殊要求。

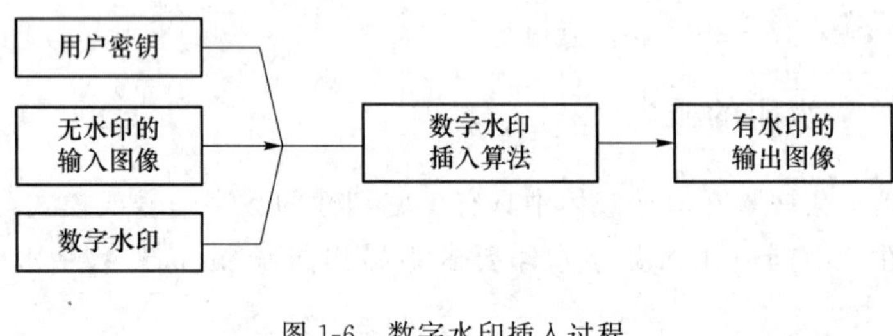


图 1-6　数字水印插入过程

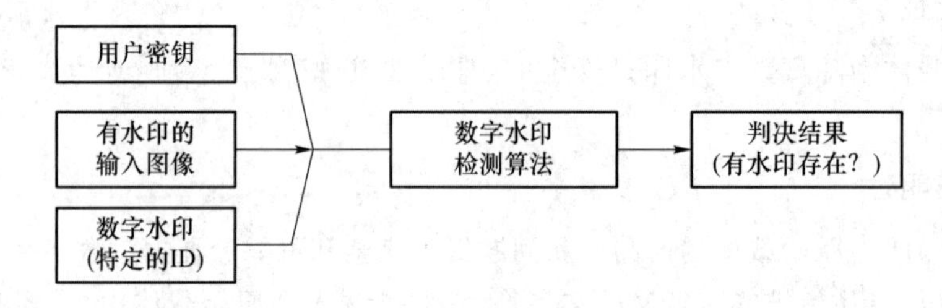


图 1-7　数字水印检测过程

# 1.2　历史回顾

类似于古典密码,隐写术的历史也源远流长。本节将讨论古典隐写术以及现代隐写术的发展。本节主要介绍一些文献上记载的重要历史事件,以此来回顾历史上人们是如何利用隐写术的。从应用的角度,古代隐写术可分为:技术性的隐写术;语言学中的隐写术;应用于版权保护的隐写术。本节着重介绍前两种。

## 1.2.1　技术性的隐写术

最早的隐写术的例子可追溯到远古时代。

- 将信函隐藏在鞋里、衣服的皱褶中、妇女的首饰中等。
- 在一篇信函中，通过改变其中某些字母笔画的高度，或者在某些字母上面或下面挖出小孔以标识某些特殊的字母，这些特殊的字母组成秘密信息。
- 使用化学方法的隐写术。例如，中国的魔术中采用的隐写方法——表演前，用笔蘸淀粉水在白纸上写字，把白纸晾干；表演时，喷上碘水，淀粉与碘起化学反应后显出棕色字体。化学的进步促使人们开发更加先进的墨水和显影剂，直到万用显影剂问世，不可见墨水的隐写方法才失效。万用显影剂的原理是，根据纸张纤维的变化情况，确定纸张的哪些部位被水打湿过。这样，所有的"墨水"隐写方法，在万用显影剂下都无效了。

### 1.2.2 语言学中的隐写术

语言学中应用最广泛的隐写术是藏头诗。

例如，一年中秋节，绍兴才子徐文长在杭州西湖赏月时，作了一首七言绝句：

平湖一色万顷秋，

湖光渺渺水长流。

秋月圆圆世间少，

月好四时最宜秋。

其中，前面4个字连起来读，正是"平湖秋月"。

再如，中国古代设计的信息隐藏的另一方法——发送者和接收者各持一张完全相同、带有许多小孔的纸，这些孔的位置被随机选定；发送者将这张带有孔的纸覆盖在一张纸上，将秘密信息写在小孔位置上，然后移去上面的纸，根据下面的纸留下的字和空余位置，编写一段普通文章；接收者只要把带孔的纸覆盖在这段普通文字上，就可读出小孔中的秘密信息。

## 1.3 相关应用

### 1.3.1 信息隐藏的应用

在医院，一些诊断的图像数据，通常与患者的姓名、就医时间、医师、标题说明等信息是相互分离的。有时候，患者的文字资料与图像的连接关系会因为时间或者人为的错误而丢失。利用信息隐藏技术将患者的姓名嵌入到图像数据中去是一个有效的解决办法。当然，在图像数据中做标记是否会影响病情诊断的精确性，这仍然是一个需要解决的问题。另一个可能的应用是在DNA序列中隐藏信息，它可用来保护医学、分子生物学、遗传学等领域的知识产权。

不法分子也可能使用隐蔽通信，他们的通信经常处于警察和安全部门的监控之下，为了不被发现，他们会采取各种手段来逃避监视。因此，为了确保信息隐藏技术能够被正确和合法地使用,在研究信息隐藏技术的同时也要研究信息隐藏的检测和追踪技术,为警察和安全部门监控犯罪团伙的行为提供技术支持。

### 1.3.2 数字水印的应用

提出数字水印技术的初衷是为了保护版权,然而随着数字水印技术的发展,人们发现了数字水印技术更多更广的应用,其中有许多是当初人们没有预料到的。

目前,数字水印技术的应用大体上可分为版权保护、数字指纹、认证和完整性校验、内容标识和隐藏标识、使用控制、内容保护、安全不可见通信等方面。下面简要介绍一下这些应用。

#### 1. 版权保护

以图像为例,为表明对数字产品内容的所有权,所有者 A 用私钥产生水印并将其插入原图像中,然后即可公开加载过水印的图像,如果 B 声称对公开的有水印的图像有所有权,那么 A 可用原图像和私钥证明在 B 声称的图像中有 A 的水印,由于 B 无法得到原图像,B 无法作同样的证明。但在这样的应用中,水印必须有足够的鲁棒性,同时也必须能防止被伪造。

当数字水印用于版权保护时,其潜在的应用市场有电子商务,在线(或离线)分发多媒体内容以及大规模的广播服务;其潜在的用户有数字产品的创造者和提供者,电子商务和图像软件的供应商,数字图像、视频摄录机、数字照相机制造者等。数字照相机和视频摄录机可将嵌入水印这一模块集成在产品中,于是图片和录像上就有了创建时的有关信息,如时间、所用设备、所有者等。在扫描仪、打印机和影印机中也集成了自动检测水印这一模块,而且这一模块无法绕过,当它们发现水印信息是未经授权的刻录复制、扫描、打印或影印时,它们将拒绝工作,这可以更有效地保护数字产品的版权,防止未经授权的复制和盗用。

#### 2. 数字指纹

为了避免数字产品被非法复制和散发,作者可在其每个产品复件中分别嵌入不同的水印(称为数字指纹)。若发现未经授权的复件,则通过检索指纹来追踪其来源。在此类应用中,水印必须是不可见的,而且能抵抗恶意的擦除、伪造以及合谋攻击等。

#### 3. 认证和完整性校验

在许多应用中,需要验证数字内容未被修改或假冒。尽管数字产品的认证可通过传统的密码技术来完成,但利用数字水印来进行认证和完整性校验的优点在于,认证同内容是密不可分的,因此简化了处理过程。当对插入了水印的数字内容进行检验时,必须用唯一的、与数据内容相关的密钥提取出水印,然后通过检验提取出的水印完整性来检验数字内容的完整性。数字水印在认证方面的应用主要集中在电子商务和多媒体产品分发至终端用户等领域。水印也可加载在 ID 卡、信用卡和 ATM 卡上,水印信息中有银行的记录、个人情况及其他银行文档内容,水印可被自动地识别,上述水印信息就可提供认证服务。同时,水印可在法庭辩论中作为证据,这方面的应用也将很有市场潜力。

#### 4. 内容标识和隐藏标识

此类应用中，插入的水印信息构成一个注释，提供有关数字产品内容的进一步信息。例如，在图像上标注拍摄的时间和地点，这可由照相机中的微处理器自动完成。数字水印可用于隐藏标识和标签，可在医学、制图、多媒体索引和基于内容的检索等领域得到应用。

#### 5. 使用控制

在特定的应用系统中，多媒体内容需要特殊的硬件来复制和观看使用，插入水印来标识允许的复制数，每复制一份，进行复制的硬件会修改水印内容，将允许的复制数减一，以防止大规模地盗版。

#### 6. 内容保护

在一些特定的应用中，数字产品的所有者可能会希望要出售的数字产品能被公开自由地预览，以尽可能地多招徕潜在顾客，但也需要防止这些预览的内容被其他人用于商业营利，因此这些预览内容被自动加上可见的但同样难以除去的水印。

不同的应用对水印技术的要求也不一样。一个水印方案很难满足所有应用的所有要求，因此数字水印算法往往是针对某类应用而设计的。

### 1.3.3　实践案例一：常用信息隐藏工具

常用信息隐藏工具

结合所学知识，完成实践案例一，详细步骤可以参考实验指导书1。

**【学习目标】**

知识：通过使用信息隐藏工具来更好地理解信息隐藏的应用场景。
技能：使用S-Tools隐藏和提取秘密信息。

**【学习任务单】**

(1) 学习实验指导书1中的实验内容。
(2) 参考实验指导书按照实验作业要求完成实验作业。
(3) 参考实验报告模板完成实验报告。
(4) 按时提交实验报告。

**【学习内容】**

(1) 如何利用工具在原始载体中插入秘密信息生成携密载体。
(2) 如何从携密载体中提取秘密信息。

## 1.4　算法性能指标

对信息隐藏的某一种算法进行讨论时，经常用到3个重要性能指标，这3个性能指标构成了如图1-8所示的几何三角关系。

**1. 透明性**

信息隐藏的首要特性是透明性,也称为不可感知性。透明性是指嵌入的秘密信息导致隐写载体信号质量变化的程度。即在被保护信息中嵌入数字水印后应不引起原宿主媒体质量的显著下降和视听觉效果的明显变化,不能影响隐写载体的正常使用。也就是说,如果仅仅是通过人类听觉或者视觉系统很难察觉隐写载体有异常。

**2. 鲁棒性**

鲁棒性是指隐藏的秘密信息抵抗各种信号处理和攻击的能力,鲁棒的数字水印通常不会因常见的信号处理和攻击而丢失隐藏的水印信息。

**3. 隐藏容量**

隐藏秘密信息的容量(简称隐藏容量)指在单位时间或一幅作品中能嵌入水印的比特数。对于一幅图片而言,隐藏容量是指嵌入在此幅图像中的所有比特数。对于音频而言,隐藏容量即指一秒钟的传输过程中所嵌入的秘密信息的比特数。对于视频而言,隐藏容量既可指每一帧中嵌入的比特数,也可指每一秒内嵌入的比特数。

信息隐藏算法的以上3个性能指标之间相互制约,没有一种算法能让这3个性能指标都达到最优。当某一种算法透明性较好时,说明原始载体与隐藏秘密信息的载体之间从人类视听觉效果上几乎无法区分,嵌入这些秘密信息时,对原始载体的改动就不能太大,这种算法的鲁棒性往往比较差。当某一种算法的鲁棒性较好时,一般是修改了载体比较重要的位置,也就是说隐藏的信息与载体的某些重要特征结合在一起,这样才能抵抗各种信号处理和攻击,但修改载体比较重要位置的隐藏算法就会改变载体的某些特征,隐藏秘密信息后载体的透明性就比较差。信息隐藏的隐藏容量和透明性也相互矛盾,当隐藏容量比较大时,隐藏后隐写载体的透明性就比较差。不同算法考虑的性能指标不同。

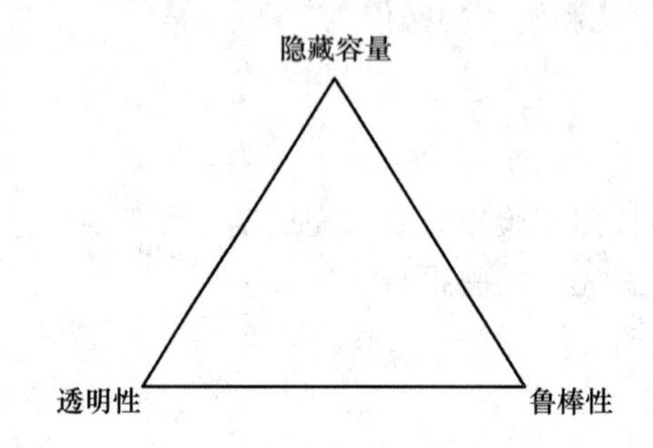


图1-8 信息隐藏的3种性能指标之间的关系

## 本章小结

本章介绍信息隐藏的概念、历史、性能评价指标和相关应用。读者重点需要掌握以下知识点。

(1)信息隐藏与密码学的区别:密码学是让"信息看不懂",信息隐藏是让"信息看不见”，同时信息隐藏与密码学完成秘密通信的抗攻击能力不同，但密码学与信息隐藏也可结合用于保密通信，比如可将要传输的信息先加密，然后将加密后看不懂的信息再嵌入到载体中进行隐秘传输，从而提高保密通信系统的安全性。

(2) 信息隐藏算法的 3 个性能指标：透明性、鲁棒性和隐藏容量这 3 个性能指标相互制约，没有一个算法可让这 3 个性能指标都达到最优化效果，每个算法都需根据具体应用来确定哪个性能指标最重要，从而调整算法。

(3) 常用的信息隐藏工具的使用方法。

## 课后习题

**【简答题】**

(1) 信息隐藏与密码学的区别是什么？

(2) 隐写术与数字水印的区别是什么？

(3) 数字水印有哪些领域的应用？

(4) 数字作品的特点是什么？

(5) 信息隐藏算法的 3 个性能指标之间有怎样的相互关系？

**【填空题】**

(1) 信息隐藏的原理是利用载体中存在的________来隐藏秘密信息。

(2) 信息隐藏的两个重要分支是________、________。

(3) 信息隐藏研究包括正向研究和逆向研究，信息隐藏检测研究属于________的内容之一。

(4) 信息隐藏的 3 个性能指标是________、________和________。

(5) 数字水印是通过对载体进行难以被感知的改动，从而嵌入________信息，嵌入的信息不一定是秘密的，数字水印需要保护的是载体。

(6) 数字水印的 4 个特点是________、________、________和________。

(7) 数字水印方案包括 3 个要素是________、________和________。

(8) 知识产权主要包括________、________和________。

# 第 2 章 基础知识

【教学目标】

- 知识目标

  掌握常用的音频处理方法和图像处理方法；

  了解常用的域转换函数；

  理解域转换函数对于图像隐藏的作用。
- 能力目标

  掌握语音和图像信号处理的基本特点。
- 素质目标

  掌握对数字图像和音频信号进行分析。

【重点难点】

理解音频质量的主观和客观评价方法；理解图像质量的主观和客观评价方法；掌握基于 Python 的数字图像和数字音频常用操作。

## 2.1 人类听觉特点和语音质量评价

人类对于语音的研究包括两个方面：一个是从语音产生和语音感知角度来研究；另一个是从信号处理角度来研究。语音产生主要研究人类大脑中枢的言语活动如何转换成人的发声器官的运动，从而产生声波；语音感知主要研究人耳如何收集声波，并转换成神经元的活动传递到大脑皮层的语言中枢。这方面的研究与语音学、语言学、认知学、心理学和神经生理学等密不可分。从信号处理角度来研究语音时，常用到的处理算法包括数字滤波器、快速傅里叶变换、线性预测编码、同态信号处理等，这些算法已成为语音信号处理最强有力的工具，并广泛用于语音信号的分析、压缩、合成等各个领域。本节主要介绍与信息隐藏和数字水印有关的语音信号的知识和常用工具。

### 2.1.1 语音产生的过程

语言是人类赖以沟通及交换信息的最基本工具。人类生成语言过程的第一步是思考传达什么内容给对方;第二步是将思维内容转化成语言的形式,即选择能表达其思维内容的词句,并将它们按语法规则排列,从而构成语言的形式并用语音传达。语音是由一连串的音所组成,语音中各个音的排列由一些规则所控制,对这些规则及其含义的研究属于语言学范畴。

### 2.1.2 语音信号产生的数字模型

人体的发音器官能发出一系列声波,与之对应的数字模型能产生与这一系列声波相对应的信号序列。通常,这类模型都是线性系统模型,选定一组参数,就可使得系统输出所希望的语音信号。为表示数字化语音信号,这里采用了离散时间模型。

人类发音时语音信号随时间的改变非常缓慢。对大多数语音信号而言,通常认为在10～20 ms时间范围内语音信号近似不变。由此可知,语音的数字模型是一个缓慢时变的线性系统,这个系统的参数在10～20 ms时间内近似不变。

### 2.1.3 听觉系统和语音感知

研究语音信号数字处理,必须了解人类听觉系统的基本构成及原理。人类语音交流的过程是由听和说两个方面组成的,因此在我们研究语音信号的产生、处理、分析、合成等时,不能是孤立地研究,必须与语音的感知过程(听和理解的过程)有机联系起来,才能更好地解决问题。但与语音产生机理的研究相比,听觉系统在语音信号处理中的作用的相关研究,还非常不充分。

人类的听觉能力,既有高能力的一面,也有无能为力的一面。所谓高能力是指,即使众多人以各种声音、方言、语调同时讲话,甚至其中一些人讲话含糊不清,听者都能准确无误地听懂所要听的声音,这是人工智能无法完全模仿的;而无能力是指,人耳对频率相近的声音无法区别,对时间间隔太短的声音无法区别,对隐蔽在强音后面的弱音无法区别。

### 2.1.4 语音的质量评价

语音的质量一般从两个方面来衡量:语音的清晰度和自然度。清晰度是衡量语音中的字、词和句的清晰程度;而自然度是衡量通过语音识别讲话人的难易程度。语音的质量评价不仅与语音学、语言学、信号处理等学科密切相关,而且还与心理学、生理学等有着密切的关系。因此,语音质量评价是一个极其复杂的问题,语音质量评价一般可分为两大类:主观评价和客观评价。

主观评价是由人来对语音的质量进行评价,因为语音最终是由人来收听,因此主观评价应该是最符合实际的,是对语音质量的真实反映。目前使用较多的主观评价方法是语音平均意见分(Mean Opinion Score,MOS),它用5级评分标准来评价语音的质量,分别代表语音质量为极好、较好、一般、较差、极差5个等级,见表2-1。参加测试的人员,对所听的语音从5个等级中选择其中之一作为他对语音质量的评价,全体实验者的平均分就是所测语音质量的MOS评分,此种方法要求实验人数要足够多,所测语音要足够丰富。

表 2-1 5个等级的质量标准和受损程度的尺度

| MOS评分 | 质量标准 | 受损程度 |
|---|---|---|
| 5 | 极好 | 不可察觉 |
| 4 | 较好 | 可察觉,但不影响听觉效果 |
| 3 | 一般 | 轻微影响听觉效果 |
| 2 | 较差 | 影响听觉效果 |
| 1 | 极差 | 严重影响听觉效果 |

一般认为MOS评分达到4.0至4.5称为高质量数字化语音;3.5分左右称为通信质量,能感觉到语音质量有所下降,但不妨碍正常通话;3.0分以下称为合成语音质量,具有足够高的可懂度,但自然度不够好,并且不易进行讲话人识别。

主观评价的优点是真实,它能反映人耳对语音质量的感觉,缺点是需准备大量语音样本,同时还需大量试听人员,且对试听人员有一定要求。因此主观评价费时费力,灵活性不够,重复性和稳定性较低,而且受试听者的主观影响较大。

客观评价不以人为主体,它使用机器对语音质量进行评价。它在一个语音系统中对输入和输出语音信号进行分析和处理,提取一些特征参量作为研究对象,最后设计一个失真距离,这个失真距离值跟提取出来的特征参量有关并由这些参量完全决定,于是就可以此失真距离值作为语音质量的客观评价值。这就是客观评价的一般原理。

为解决主观评价所存在的问题,人们在寻找一种能够方便地给出语音质量的客观评价方法。人们研究语音质量的客观评价,希望能够提供一种比主观评价更有效、更方便、更直接的评价手段。到目前为止,没有一种客观评价方法可达到与主观评价完全一致的效果。正如计算机智能无法代替人脑一样,主观评价包含人对语音的全部感受,它既与工程技术学科有关,又与人的生理学、心理学、认知学等学科有关。因此,客观评价不能完全代替主观评价,在进行语音质量评价时,两者应该结合使用。

语音质量客观评价研究自20世纪70年代以来发展迅速,许多客观评价方法被提出。这些方法按评价结构可分为基于输入输出和基于输出两大类。

基于输入输出的评价是根据原始语音和经过处理后的语音信号之间的误差大小来判别语音质量的好坏,是一种误差度量。而基于输出的评价仅根据处理后的语音信号来进行质量评价。

目前研究较多的是基于输入输出的评价,但随着信息和通信技术的发展,这类评价方法已经无法满足许多领域的实际需要,如无线移动通信、航天航海和军事领域,在得不到原始语音信号情况下,需要给出对语音质量的评价。因此,基于输出的评价开始受到国内外学者的重视。

基于输入输出的评价方法按使用技术(谱分析、线性预测分析、听觉模型分析、判断模型分析等)和特征参数(时域参数、频域参数、变换域参数等)分为五类。

**1. 基于信噪比方法的评价方法**

信噪比方法(Signal-to-Noise Ratio,SNR)是用来计算信号失真程度的评价方法。该方法计算简单使用广泛。对于语音信号而言,高信噪比是高质量语音的必要条件,但不是充分条件。语音信号用信噪比来计算其失真程度,往往与主观评价相差甚远。因此,一些改进的信噪比方法相继被提出,如分段信噪比、变频分段信噪比等,它们与主观评价的相关度有所提高,但只适用于高速率的波形编码。

**2. 基于线性预测分析技术的评价方法**

这类方法是以线性预测编码(Linear Predictive Coding,LPC)分析技术为基础,把线性预测编码系数和其他参数作为评价依据。另外,还对线性预测编码进行改进。

**3. 基于听觉模型的评价方法**

此类方法以人对语音信号感知的心理听觉特性为基础。

**4. 基于判断模型的评价方法**

此类方法在选择表达语音质量的特征参量基础上,更侧重于模拟人对语音质量的判断过程。

**5. 其他评价方法**

其他评价方法主要有一致函数法、信息指数法、专家模式识别法等。

虽然与主观评价相比客观评价更方便快捷,但现阶段客观评价方法还不能完全反映出人对语音质量的全部感受,所以研究客观评价方法的目的不在于完全代替主观评价方法,而是使其成为一种能有效预测出主观评价值的评价手段。因此,现阶段主要需要解决如何用客观评价值来预测主观评价值的问题。

我们常用一种函数映射来表示客观评价和主观评价间的关系。它们之间可是线性、非线性或者是多项式拟合关系。由于客观评价是对主观评价的一种预测,所以一种客观评价方法的性能好坏,可用它与主观评价之间的相关性来衡量。通过在客观评价和主观评价之间建立的函数关系,可用客观评价值求出对主观评价值的预测值,这个预测值和实测的主观评价值之间的相关度 $\rho$ 就作为该客观评价方法与主观评价方法之间的相关度。$\rho$ 的计算公式如下:

$$\rho = \sqrt{\frac{\sum_{i=1}^{N}(\hat{S}_i - \mu)^2}{\sum_{i=1}^{N}(S_i - \mu)^2}}$$

其中,$N$ 为被测的样本数,$S_i$ 表示第 $i$ 个样本的实测主观评价值,$\hat{S}_i$ 表示第 $i$ 个样本的客观评价的主观预测值,$\mu$ 是实测主观评价值的算术平均值。

$\rho$ 是一个 0 到 1 之间的数,$\rho$ 值越高,说明该客观评价方法对主观评价的预测越准确,该方法的性能越好。

从客观评价方法的发展过程来看,听觉模型占有十分重要的地位。只要在评价中考虑了人对语音信号的感知特性,就会大幅度提高整个评价方法的性能。

### 2.1.5 实践案例二:音频信号处理基础

结合以上所学知识,完成实践案例二,详细步骤可以参考实验指导书 2。

**【学习目标】**

音频信号处理基础

知识:如何读取音频并绘制音频波形图。

技能:掌握常用的音频处理方法和基于 Python 的数字音频常用操作方法。

**【学习任务单】**

(1) 学习实验指导书 2 中的实验内容。

(2) 按实验指导书完成音频信号处理基础配套 Python 环境的安装。

(3) 参考实验指导书按照实验作业要求完成实验作业。

(4) 参考实验报告模板完成实验报告。

(5) 按时提交实验报告。

**【学习内容】**

(1) 利用 Python 解码音频,读取并记录音频,使用 audioread 库来获取关键信息(如音轨、采样率和持续时间)。

(2) 分析音频数据,对音频文件中的样点数据进行处理和分析。

(3) 修改音频样点读取范围为 180～200,完成数据可视化。将音频数据转换为波形图,以直观展示音频信号随时间的变化。在波形图中嵌入标识身份的信息。

## 2.2 人类视觉特点与图像质量评价

### 2.2.1 人类视觉特点

图像作为传输视觉信息的媒介,通过人眼接收信息。因此,图像的终端接收机是人的眼睛。要衡量图像的变换、压缩、噪声影响等对图像的影响有多大,必须看它对于人眼的影响有多大,即必须与人的视觉联系起来加以研究。因此,有必要了解人类视觉系统的特点,并研究它的等效数学物理模型。但由于现代科学技术还不能准确地解释有关人类视觉系统的全部生理、物理过程,因此,关于人类视觉系统模型的研究,还只能建立在假设和验证的基础上。

人类的视觉系统是由眼睛和视觉神经系统构成的。人的眼睛,由角膜、虹膜、晶状体、视网膜、眼球壁和视神经组成。晶状体前面是虹膜。虹膜形成瞳孔,起到照相机光圈的作用。它可根据外界光线强度来调整开放的大小,以使进入视网膜的光线产生的刺激不弱也不强。眼睛的底部是视网膜。光线通过瞳孔、晶状体在视网膜上被视细胞接收,视网膜的作用是将光信号变换、滤波和编码成神经系统的内部表达信号(电信号)以传送给视觉神经系统和中枢神经系统。视网膜及视觉通路对信息作了多层预处理,大脑有关部分则完成主要的信息处理任务。

下面给出几个相关的概念。

**1. 视觉范围**

视觉范围是指人眼所能感觉的亮度范围。这一范围非常宽,但人眼并不能同时感受这样宽的亮度范围,当人眼适应了某一个平均亮度的环境后,它所能感受的亮度范围会受到这个平均亮度的影响和限制。当平均亮度比较适中时,人眼能分辨的亮度的范围较大;而当平均亮度较低时,能分辨的亮度范围较小。即使是客观上相同的亮度,当平均亮度不同时,主观感觉的亮度也不相同。例如,同样的亮度,在白天和在黑夜,主观亮度感觉是不同的。

**2. 分辨力**

人眼的分辨力是指人眼在一定距离上能区分开相邻两点的能力。人眼的分辨力与环境照度有关,照度太低和太高都会影响分辨力。人眼的分辨力还与物体的运动速度有关,速度越快,人眼的分辨力越低。人眼对彩色的分辨力要比对黑白的分辨力低,如果把刚能分辨出来的黑白相间的条纹换成红绿条纹,那么人眼无法分辨出红绿条纹,只能看见一片黄色。

**3. 视觉适应性**

当人们从明亮的阳光下走进黑暗的电影院时,会感到一片漆黑,但过一会后,视觉会逐渐恢复,人眼这种适应暗环境的能力称为暗适应性。而人们从电影院走到阳光下时,又会感到“眩目”,人眼同样需要一个恢复过程才能适应,这种适应亮环境的能力称为亮适应性。通常,亮适应性比暗适应性要快得多。

**4. 视觉惰性**

人眼对于亮度的突变需要一些时间来适应,人眼对亮度改变进行跟踪的滞后性质称为视觉惰性。因此,当亮度突然消失时,人眼的亮度感觉并不马上消失,而是按指数规律逐渐消失。因此电影拍摄和放映就是利用人眼的视觉惰性,电影胶片用一张张相隔一定时间拍摄的图片组成,连续放映时,可给人以连续运动的感觉。这种特性又称为人眼的记忆特性,或称为视觉暂留。

### 2.2.2　图像的质量评价

图像的最终接收者是人,所以图像质量的好坏取决于如下两个方面:一是目标图像与原始图像之间的差异,误差越小,质量越好;二是人的主观视觉特性,如果目标图像中出现某些人眼不敏感或者“不在乎”的失真与损伤,那么对于观察者而言,就意味着图像没有降质。在图像中隐藏信息,也要结合人眼的视觉特性进行信息的隐藏。

传统的图像质量评价方法可分为主观评价和客观评价两类。主观评价方法就是让观察者根据一些事先规定的评价尺度或自己的经验,对测试图像按视觉效果提出质量判断,并给出质量分数，对所有观察者给出的分数进行加权平均，所得结果即为图像的主观质量评价。这种方法称为图像平均意见分方法。该方法一般采用的是五级评分法，见表 2-2。

表 2-2 五级评分表

| MOS 评分 | 质量标准 | 评价 |
|---|---|---|
| 5 | 很好 | 感觉不到有差别 |
| 4 | 较好 | 感觉到有差别但无影响 |
| 3 | 一般 | 感觉到差别但能容许 |
| 2 | 较差 | 干扰严重，不能容许 |
| 1 | 很差 | 由于干扰图像不清楚，不能接受 |

主观评价是较准确的评价图像质量方法，但它往往受到观察者本身的知识背景、情绪等因素的影响，为了得到准确的主观评价结果，需要进行大量观察实验，因此主观评价方法存在的问题是，可重复性较差，处理较困难。在实际的应用中，通常采用方便快捷的客观评价方法。

客观评价是以机器为主体对图像质量进行评价，它是对一个系统中输入和输出的图像信号做处理和分析，是从图像中提取一些特征参量作为研究分析对象，处理并作比较。客观评价一般是从总体上反映图像间的差别。客观评价以得出的均方误差（Mean-Square Error，MSE）和峰值信噪比（Pitch Signal Noise Ratio，PSNR）等数据作为对图像的客观质量评价，这就是图像质量简单客观评价方法的原理。更复杂的客观评价方法也都以此为基础而发展。

图像最终是供人看的，客观评价虽然在使用中方便快捷，但这种物理意义上的误差统计方法并不能完全代替基于人眼的主观评价方法。随着多媒体通信的发展，图像客观质量评价方法的研究转向了结合人眼视觉特性的误差统计方法，这更符合人类主观视觉效果。

从图像质量评价的研究进展看，目前新测量方法主要分为两类：基于视觉感知的测量方法和基于视觉兴趣的测量方法。

- 基于视觉感知的测量方法从人眼视觉模型出发，建立了一个较为通用的图像质量评价模型，试图克服传统图像质量评价方法的缺点。
- 基于视觉兴趣的测量方法提出了一种根据人类视觉特性（Human Visual System，HVS），采用加权处理的方法，将人类视觉特性引入传统客观评价方法的图像质量客观评价新方法。

从视觉心理学角度看，视觉是一种积极的感受，它不仅与生理因素有关，还在相当大程度上取决于心理因素。人们在观察和理解图像时往往会不自觉地对其中某些区域产生兴趣，这些区域被称为“感兴趣区”（Region of Interest，ROI）。整幅图像的视觉质量往往取决于 ROI 质量，而不感兴趣区降质有时不易觉察。现实生活中人们由于文化背景、周围环境以及情绪影响，对同一幅图像的评价会产生较大偏差，但对于图像中关注的区域却具有共性，它们集中传递整幅图像所要表达的大部分客观信息。一种基于视觉兴趣的图像质量评价方法是通过对图像中不同区域的加权突出人眼对ROI的兴趣程度。基于视觉兴趣的测量方法为图像质量评价开辟了一条新路，但目前该类方法还处于初期研究阶段，仍有许多问题有待深入研究。例如：图像中感兴趣区如何确定；如果测试图像中包含多个感兴趣区，那么如何确定这些区域的兴趣权值等。

图像可分为灰度图像和彩色图像。人类视觉对亮度(灰度)的变化比对色度的变化更为敏感。一幅图像是由很多个像素(Pixel)点组成的，像素是构成图像的基本元素。比如，若一幅图像的大小是640×480，则这个图像在水平方向上有640个像素，在垂直方向上有480个像素。灰度图像是视觉对物体亮度的反映。灰度图像一般用图像矩阵来描述，图像空间坐标$x$，$y$被量化为$M \times N$个像素点，每一个点上的灰度值组成图像矩阵。

彩色图像由红、绿、蓝三基色组成，任何颜色都可以用这3种颜色以不同比例调和而成。彩色图像可以用类似于灰度图像的图像矩阵表示，只是彩色图像由3个矩阵组成，每个矩阵描述三原色中的一个颜色。

为了在图像中隐藏信息和嵌入数字水印，我们需要了解常用的图像存储格式。

**1. BMP文件格式**

BMP(bitmap)文件格式是Microsoft公司推出的位图文件格式。BMP文件格式一般由3个部分组成：位图文件头、位图信息和位图阵列信息。位图文件头由14个字节组成。位图信息由位图信息头和色彩表组成：位图信息头由40个字节组成，位图信息头包含了图像的宽度、高度和位图大小等信息；而色彩表的大小取决于色彩数。位图阵列信息按行的顺序依次记录图像的每一个像素的图像数据。

**2. GIF文件格式**

GIF文件的压缩编码方法采用的是散列法(hash-method)。GIF文件分为文件头和文件体两部分。文件头包括文件标志、图像水平分辨率、垂直分辨率、彩色表、图像宽度、图像高度、图像偏移量、编码的初始值等关于图像的参数。

**3. TIF文件格式**

TIF(Tag Image File Format)是一种复杂的图像文件格式。它一般分为4个部分：文件头、参数指针表、参数数据表和图像数据。其中文件头长度为8B，包含字节顺序、标记号和指向第一个参数指针表的偏移量。参数指针表占12B，它包含描述图像的压缩种类、长度、彩色数以及扫描密度等参数，在参数指针表中列出了参数的偏移指针。而实际参数数据放在参数数据表中，其中比较常见的参数数据表是16色或者256色的调色板。最后一部分是图像数据，它们按照参数表中描述的形式按行排列。

在信息隐藏和嵌入数字水印时，图像类型转换非常有用。例如，在变换域数字水印算法中，索引图像的载体必须先转换为真彩图像再加水印，否则会破坏载体。各种图像类型之间的转换关系如图2-1所示。

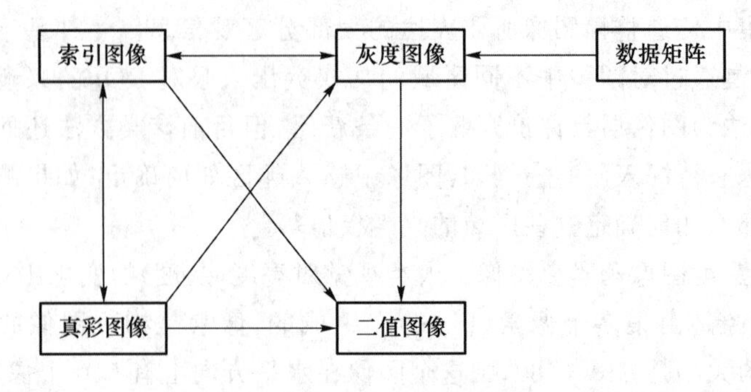


图 2-1 图像类型转换的关系

### 2.2.3 实践案例三:图像信号处理基础

图像信号处理基础

结合以上所学知识,完成实践案例三,详细步骤可以参考实验指导书 3。

**【学习目标】**

知识:理解域转换函数转换图像到频域及逆变换。

技能:掌握基于 Python 的数字图像常用操作方法。

**【学习任务单】**

(1) 学习实验指导书 3 中的实验内容。

(2) 按实验指导书完成图像信号处理实验。

(3) 参考实验指导书按照实验作业要求完成实验作业。

(4) 参考实验报告模板完成实验报告。

(5) 按时提交实验报告。

**【学习内容】**

(1) 了解常用的图像存储格式。

(2) 使用 Python 将图片转换为 512×512 的灰度图,保存为 BMP 图像。

(3) 使用 Python 处理图像,将部分 DCT 系数置零后重构图像,有失真的图像保存为 stego. bmp。

(4) 完成实验,绘制出原始图像和失真图像,并记录其峰值信噪比。

(5) 附加思考问题:修改系数时,如果选取的位置或数量不同,那么峰值信噪比是否相同? 其原因是什么?

## 本章小结

本章主要介绍人类听觉特点和语音质量评价;人类视觉特点和图像质量评价。需要掌握以下知识点：①语音的质量评价主观和客观评价的方法；②图像的主观评价方法；③图像的客观评价峰值信噪比的概念；④通过实验掌握常见音频和图像基本操作。

## 课后习题

**【简答题】**

(1) 语音的主观评价 MOS 分为几个等级？

(2) 图像质量的好坏取决于哪些方面？

(3) 图像的客观评价 PSNR(峰值信噪比)的特点是什么？峰值信噪比的值是越大越好，还是越小越好？

(4) 主观评价与客观评价之间的一致函数映射关系是什么？

**【填空题】**

(1) 对于人耳的感觉，声音的描述使用________、________和________等3个特征。

(2) ________描述人对声波幅度大小的主观感受，________描述人对声波频率大小的主观感受。

(3) 由亮处走到暗处时，人眼一时无法辨识物体，这个视觉适应过程称为________________；由暗处走到亮处时的视觉适应过程则称为________________；两者之间，耗时较长的是________________。

(4) 视觉范围是人眼能感觉的________________范围。

(5) 从图像质量评价的研究进展看，目前新的测量方法主要分为两类：________和________。

(6) 语音质量评价是一个极其复杂的问题，语音质量评价一般可分为两大类：________和________。

(7) 基于输入－输出的评价方法从使用的技术和特征参数上可分为五类：________、________、________、________和________。

(8) 整幅图像的视觉质量往往取决于________的质量，而________的降质有时不易觉察。

# 第 3 章

# 音频信息隐藏与数字水印

【教学目标】

- 知识目标

  了解音频信号的结构；

  理解在音频信号中隐藏信息的思路。

- 能力目标

  掌握数字音频中最低有效位信息隐藏方法。

- 素质目标

  掌握音频的信息隐藏方法。

【重点难点】

理解音频时域水印和音频频域水印各自的特点；掌握基于最低有效位(LSB)的音频信息隐藏算法，并对 LSB 音频信息隐藏算法进行简单攻击；掌握使用 MP3Stego 工具在 MP3 音频文件中隐藏秘密信息；掌握音频水印性能 3 个最重要指标的评价方法。

## 3.1 音频水印基本原理

在各种载体中有很多方法可用于隐藏信息，其中最直观的一种就是替换技术。任何数字多媒体信息，在扫描和采样时，都会产生物理随机噪声，而人的感观系统对这些随机噪声不敏感。替换技术就是利用这个原理，试图用秘密信息比特替换随机噪声，以达到信息隐藏的目的。

下面以一个例子来说明声音信号中可用来隐藏信息的地方。

**例**：数字声音信号各个比特位平面的分析，如图 3-1 所示。

这里用一段 11.025 kHz 采样、16 比特编码的语音信号为例。由于原始信号采用 16 比特编码，因此较低比特位的作用影响更小。首先，将语音信号每个采样点的最低 2 比特置为零，如图 3-1(b)所示波形，从波形上看与原始信号几乎没有差别，从听觉上也听不出差别；然后，将最低 4 比特置为零，从波形和听觉效果上仍然感觉不出差别，如图 3-1(c)所示；再后，将最低 6 比特置为零，从波形上看，幅度很小的地方有些许变化，但幅度大的地方仍然没有明显的差别，听其声音效果，只有极少的背景噪声，不易被察觉，如图 3-1(d)所示；接下来，去掉最低 8 比特的作用，得到图 3-1(e)所示的波形，此时能听到比较明显的背景噪声；最后，去掉最低 10 比特的作用，得到的波形有明显的锯齿状，此时能听到很强的噪声，但声音仍较清晰，如图 3-1(f)所示。

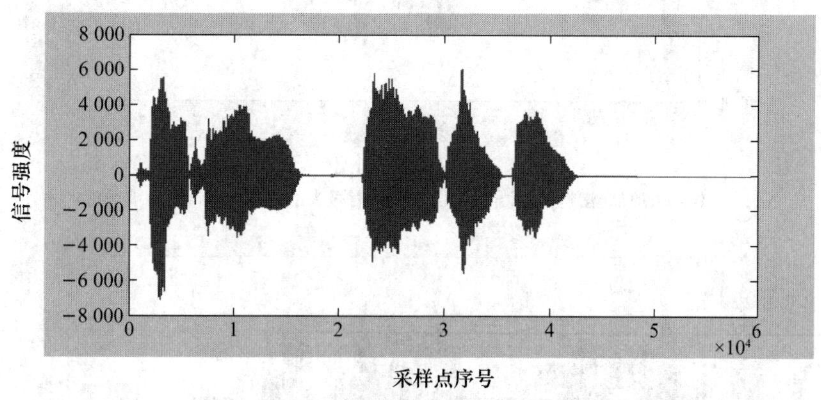


(a) 原始语音信号(“床前明月光”)

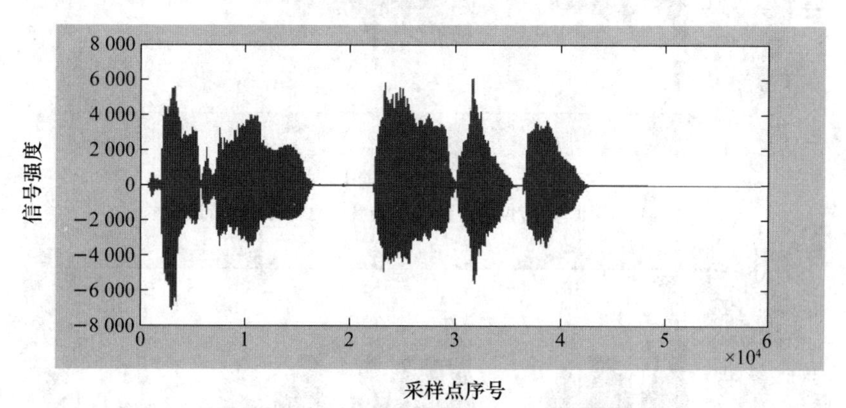


(b) 去掉低2比特位的语音信号(声音信号听不出差别)

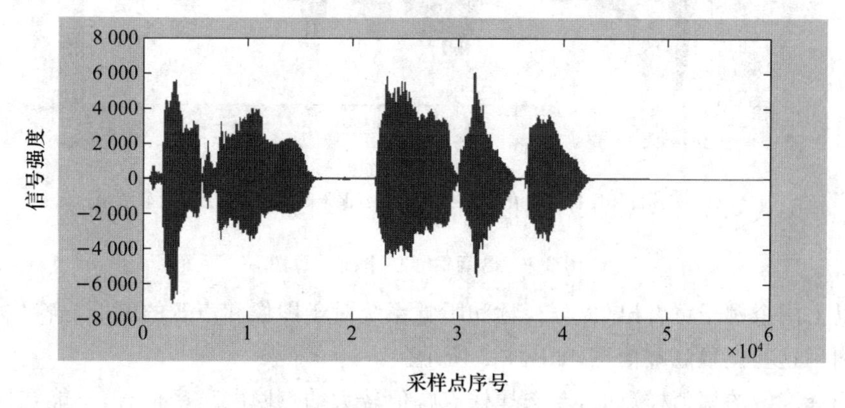


(c) 去掉低4比特位的语音信号(声音信号听不出差别)

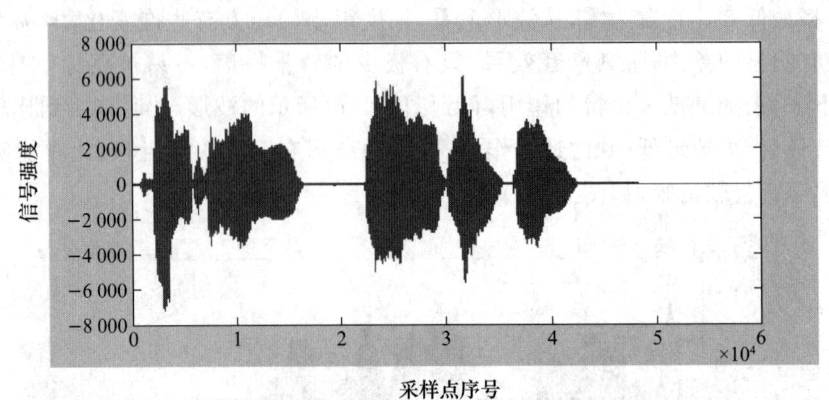


(d) 去掉低6比特位的语音信号(声音中有极少的背景噪声，不易被察觉)

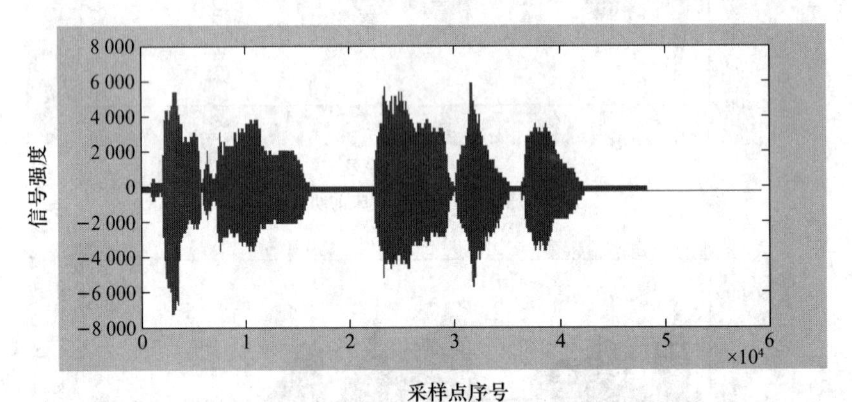


(e) 去掉低8比特位的语音信号(声音中有较明显的背景噪声)

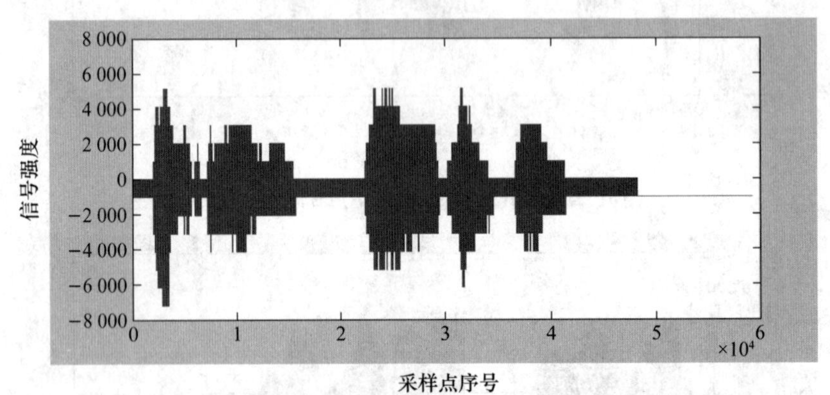


(f) 去掉低10比特位的语音信号(声音中有很强的噪声，但声音仍较清晰)

图 3-1　语音信号位平面示意图

从以上两个例子可看出，人类视觉和听觉系统对于图像和声音的最低比特位不敏感，因此可利用这些位置隐藏信息，如图 3-2 所示。

当选择隐藏的幅值样点时，要选择样点幅值较大的点隐藏秘密信息，不能在样点幅值较小的点隐藏秘密信息。

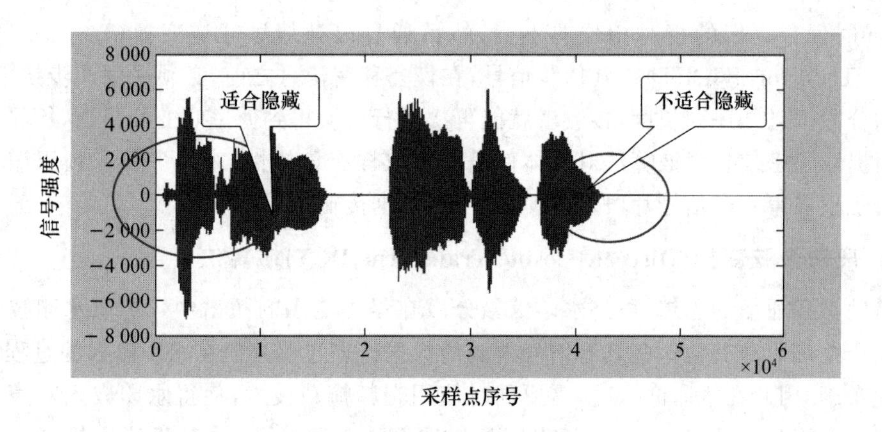


图 3-2　适合隐藏秘密信息的音频位置

## 3.2　音频水印技术

随着 MP3(Moving Picture Experts Group Audio Layer Ⅲ)、MPEG(Moving Picture Experts Group)、AC-3(Audio Coding-3)等各种音频压缩标准的广泛应用,对音频数据产品的保护显得越来越重要。与静止图像水印技术相比,音频水印有自己的特性:一是音频信号在每个时间间隔内采样的点数要少很多,这意味着音频信号中可嵌入的信息量要比可视媒体少得多;二是人耳的听觉系统(Human Audio System,HAS)要比人眼视觉系统(Human Visual System,HVS)灵敏得多,因此听觉上不可知觉性的实现比视觉上困难;三是为抵抗剪切攻击,嵌入的水印应该保持同步;四是由于音频信号一般较大,提取时一般要求不需要原始音频信号;五是音频信号也有特殊的攻击,如回声、时间缩放等,因此与静止图像和视频水印相比,音频水印具有更大的挑战性。

根据水印加载方式的不同,音频水印可分为四类:时间域水印、变换域水印、压缩域水印以及其他类型的水印。大多数时间域水印算法可提供简捷有效的水印嵌入方案,且具有较大的信息嵌入量,但对语音信号处理的鲁棒性较差;变换域水印算法则具有较强的抗信号处理和恶意攻击的能力,但其嵌入与提取的过程相对复杂;压缩域水印算法是直接把水印信号添加到压缩音频上,它可避免压缩算法编解码的复杂过程。

### 3.2.1　变换域音频水印

常见的变换域水印算法有:傅里叶变换域算法、离散余弦变换域算法和小波变换域算法等。

**1. 傅里叶变换域算法**

相位编码是利用人类听觉系统对声音的绝对相位不敏感,但对相对相位敏感的特性嵌入数字水印。在相位编码中,载体信号首先分成若干个短序列,然后进行二维离散傅里叶变换(Two-Dimensional Discrete Fourier Transform,DFT),修改所有信号片段的绝对相位,同时保存它们的相对相位差不变,然后通过离散傅里叶逆变换(Inverse Discrete Fourier Transform,IDFT)得到伪装信号;在恢复秘密信息之前,必须采用同步技术,找到信号的分段。已知序列长度,接收者就能再次进行变换得到傅里叶变换系数,检测出相位差进而提取秘密信息。该算法对载体信号的再取样有鲁棒性,对大多数音频压缩算法敏感。由于仅在第一个信号片段进行编码,所以数据传输率很低。

**2. 离散余弦变换(Discrete Cosine Transform,DCT)域算法**

借助扩频通信的思想,可将水印信号分散在尽可能多的频谱中。扩频水印技术可抵抗有损压缩编码和其他一些具有信号失真的数据处理过程。但在水印嵌入的过程中会产生加性噪声,因此在水印嵌入时,需要同时使用音频掩蔽技术,使得水印嵌入对声音信号的听觉影响降到最低。另外,扩频水印的提取算法较复杂,算法对于信号的同步要求较高,对于音频载体中幅度的变化鲁棒性较差。

**3. 小波变换域算法**

小波变换是一种时频分析的工具,它可将信号分解到时间域和尺度域上,不同尺度对应不同频率范围,对于音频信号这样的时变信号而言,小波变换是一种很适合的工具,因此有许多基于小波变换的语音压缩和水印嵌入算法。下面介绍一种基于小波变换的音频水印算法。

水印嵌入算法:

- 数字水印为一个随机信号,它可将作者的身份、作品产生时间等信息产生一个伪随机序列($x_1,x_2,\cdots,x_N$);
- 选择适当的小波基对原始语音信号进行 $L$ 级分解,在第 $L$ 级的小波细节分量 $d_L$ 中嵌入水印;
- 设水印的长度为 $N$,选择 $d_L$ 中绝对值最大的前 $N$ 个值 $d_L(1),d_L(2),\cdots,d_L(N)$,水印嵌入算法采用公式:

$$d'_L(i)=d_L(i)(1+\alpha x(i))$$

- 进行小波逆变换恢复嵌入水印的语音信号。

水印检测算法:

在水印检测端(作品所有者或第三方认证机构),原始的语音信号以及水印信号需要保留以备检测使用。

- 对待检测语音信号进行同样的小波变换;
- 对 $L$ 级分解的细节分量,利用原始语音信号找到隐藏了 $N$ 个随机数的位置,求出:

$$x'(i)=(d'_L(i)/d_L(i)-1)/\alpha$$

- 计算序列 $x'$ 与 $x$ 的相关值,从相关函数中就可判断是否有正确的水印信号存在。

该算法的特点是水印信号放在语音信号能量最大部分,如果这一部分信号受到较大的破坏,那么严重影响语音的质量。因此,算法中把水印信号与语音信号的能量最大部分结合在一起，一方面语音信号遮盖水印的影响，使其不易被发觉；另一方面即使受到一定破坏，只要语音信号有一定可懂度，水印信号仍可检测出来。

部分实验结果如图3-3所示。从实验结果可以看出，嵌入水印的语音信号的波形与原始信号几乎没有差别。

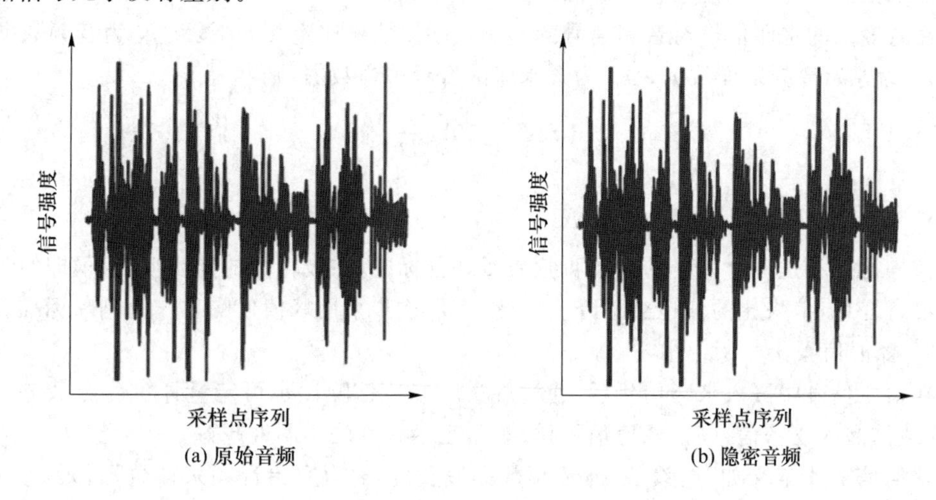


(a) 原始音频　(b) 隐密音频

图3-3　原始语音与嵌入了水印的语音

### 3.2.2　压缩域水印

音频水印应用最多的是在原始音频中进行嵌入，但目前越来越多的音频信号以压缩的形式存在，因此研究压缩域的音频水印尤为重要。与视频水印一样，音频水印按照水印嵌入的位置也可分为3类：第一类是在原始音频信号中嵌入；第二类是在音频编码器中嵌入，这种方法鲁棒性较高，但需要复杂的编码和解码过程，运算量大，实时性不好；第三类是在压缩后的音频数据流中直接嵌入，这种方法避免了复杂的编解码过程，但鲁棒性不高，而且能够嵌入的水印容量不大。

### 3.2.3　音频水印的评价指标

音频水印算法性能一般使用透明性、水印容量和鲁棒性3个指标来衡量。

**1. 透明性**

在目前的研究工作中，通常可用以下几种评价指标来衡量水印算法的透明性。

1）MOS评分

最常用的音频透明性评测方法是主观平均判分法，这种方法是国际电信联盟（International Telecommunication Union，ITU）(P. 800)确定的一种主观评定方法。该方法挑选测试人员对音频信号的质量进行评分，求出平均分数，评分1到5分作为对音频信号质量的评价结果，一般高质量的音频可达到4分。主观测试直接反映了人对音频质量的感受，一般来说比较准确，对最终的质量评价和测试有实际价值。其缺点是不同听众之间主观差异较大，并且实验时要得到较好的统计结果，就需要找大量的人员进行测试，因此结果的可重复性不高。除主观评价技术之外,还可采用客观定量的评价标准来判断水印算法的透明性,如信噪比和峰值信噪比。

2) 信噪比

如果把嵌入的水印信号看作是加载到原始音频信号上的噪声,那么可通过计算信噪比来衡量嵌入的水印信号对音频信号的影响程度。信噪比定义如下:设 $N$ 为音频数据段长度,$x$ 为原始音频采样数据, $x_w$ 为含水印的音频采样数据,则:

$$\mathrm{SNR}=10\lg\frac{\sigma^2}{D}$$

其中,$\sigma^2=\sum_{i=1}^{N-1}x_i^2, D=\sum_{i=0}^{N-1}(x_i-x_{wi})^2$。

信噪比并不是一个完美的音频听觉质量评价标准,在极轻微的同步攻击下,即使听觉质量没有变化,信噪比的值也会下降。因此,人们逐步采用峰值信噪比作为判断标准。

3) 峰值信噪比

在宿主信号中嵌入水印信号后,通过观察其峰值信噪比也可定量评价隐蔽载体透明性,当载体嵌入秘密信息后,峰值信噪比越高,表示该算法透明性越好。

峰值信噪比定义如下:设 $N$ 为音频数据段长度,$x$ 为原始音频采样数据,$x_w$ 为含水印的音频采样数据,则

$$\mathrm{PSNR}=10\cdot\lg\left[\frac{N\max\limits_{0\leqslant i<N}x_i^2}{\sum\limits_{i=0}^{N-1}(x_{wi}-x_i)^2}\right]$$

**2. 水印容量**

水印容量也称为数据嵌入量,指单位长度音频可隐藏的秘密信息量。通常,用比特率来表示水印容量,其单位为 bit/s,即每秒音频中可嵌入多少比特的水印信息;也可以以样本数为单位,如在每个固定采样样本长度中可嵌入水印比特的位数。对于数字音频来说,在给定音频采样率的条件下两者是可相互转换的。国际留声机联盟(International Federation of the Phonographic Industry,IFPI)要求嵌入水印的数据信道至少要有 20 bit/s的带宽。就隐写术而言,隐写术需要隐藏成千上万字节的信息;就水印系统而言,版权保护通常认为只需要几十或者几百比特的水印信息即可。

**3. 鲁棒性**

在对音频水印算法鲁棒性评价时,通常采用误码率和余弦相似度来衡量。

1) 误码率

在实际水印算法鲁棒性评价应用中,常用水印的误码率(Bit Error Ratio,BER)来衡量水印抵抗攻击的能力,即在各种攻击后提取得到的水印与原始水印之间不同比特数所占的百分比。BER 的定义如下:

$$\mathrm{BER}=\frac{\text{错误的比特数}}{\text{总比特数}}\times 100\%$$

如果含水印音频未经过任何音频信号处理的攻击,那么提取出来的水印图像和原始图像的误码率为 0;如果含水印信息的隐写载体在传输过程中经过一些信号处理,那么提

取的水印图像和原始水印图像之间的误码率会增加。含水印信息的音频经过某种信号处理后提取的水印图像和原始水印图像之间的误码率越低,该算法抵抗该种音频信号处理能力的鲁棒性越强。

2）余弦相似度

如果在音频信号中嵌入的水印信息为二值图像,那么可采用余弦相似度来判断提取水印图像和原始水印图像的相似性作为评价标准,其定义为:

$$\mathrm{NC}(W,W')=\frac{\sum_{i=0}^{M_1-1}\sum_{j=0}^{M_2-1}W(i,j)W'(i,j)}{\sqrt{\sum_{i=0}^{M_1-1}\sum_{j=0}^{M_2-1}W(i,j)^2}\times\sqrt{\sum_{i=0}^{M_1-1}\sum_{j=0}^{M_2-1}W'(i,j)^2}}$$

其中,$W$ 为原始水印,$W'$为提取的水印,它们的大小为 $M_1\times M_2$。

如果含水印音频未经过任何音频信号处理的攻击,那么提取的水印图像和原始图像的余弦相似度一般为1.0;如果含水印信息的隐写载体在传输过程中经过了一些信号处理,那么提取的水印图像和原始水印图像之间的余弦相似度会下降。含水印信息的音频经过了某种信号处理后,提取的水印图像和原始水印图像之间的余弦相似度越大,该算法抵抗该种音频信号处理能力的鲁棒性越强。

### 3.2.4　音频水印的发展方向

音频水印技术是数字水印技术的重要方面。近几年来,音频水印技术发展迅速,同时也面临许多难题,有许多问题可深入研究。

(1) 未来的数字水印嵌入算法应达到自适应控制。例如,结合对原始音频信号的预处理和分析,采用自适应策略,选择最佳的嵌入位置、嵌入算法、嵌入量等。

(2) 现有的音频水印算法在水印的嵌入和提取过程中考虑同步问题的不多,而同步问题是水印能够正确提取的关键。如何在水印的嵌入过程中为水印提取和提供行之有效的同步信息,是水印技术实际应用中必须考虑的关键问题。

(3) 对音频信号的主观和定量的评价基准研究,以及对数字水印方案的评价基准研究。

(4) 寻找与压缩标准 MP3、MPEG、AC-3 相适应的音频水印算法,让其具有满意的数据嵌入量和鲁棒性,对音频水印技术的广泛应用具有重要意义。

(5) 在多媒体数据流中,研究音频与视频结合的数字水印,达到对多媒体数据的完整保护。

(6) 对实际网络环境下的数字水印应用,应重点研究数字水印的网络快速自动验证技术,这需结合计算机网络技术和认证技术,减小音频水印提取的复杂度。

几种常见的音频水印嵌入算法如下。

1）最低有效位方法(Least Significant Bit,LSB)

这是一种最简单的时间域水印算法,该方法是利用原始数据的最低几位来嵌入水印,嵌入的位数以人的听觉无法察觉为原则。该方法的优点是具有较大的嵌入容量,缺点是水印的鲁棒性很差,无法经受一些信号处理的操作,而且很容易被擦除或绕过。

例如,假设一个音频文件有以下 8 个字节的信息,分别为:

132　134　137　141　121　101　74　38

二进制表示为:

10000100　10000110　10001001　10001101　01111001　01100101　01001010　00100110

假设我们要隐藏二进制字节 11010101 ( 213 )在这个序列。如使用音频文件的 LSB 进行信息隐藏,上述顺序将变更为:

133　135　136　141　120　101　74　39

二进制表示为:

10000101　10000111　10001000　10001101　01111000　01100101　01001010　00100111

这样,秘密信息就隐藏在载体音频文件中,音频文件在听觉效果上和原始文件没有区别。

2) 回声隐藏法

回声信息隐藏通过引入回声将水印数据嵌入音频信号中。回声信息隐藏是利用人类听觉系统这一特性:弱信号可在强信号消失之后 50～200 ms 内作用而不被人耳觉察,即音频信号在时域的向后屏蔽作用。

回声隐藏方法有很多优点,它对滤波、重采样、有损压缩等不敏感,嵌入算法简单,但容易被第三方用检测回声的方法检测出来,易被察觉。由于在水印嵌入时需要对信号进行分块处理,因此水印提取时需要采取某种比较精确的同步措施,否则会影响水印提取的正确率。

WAV 是 Microsoft Windows 本身提供的音频格式,该格式通常都保存一些没有压缩的音频。对于数字音频,其最低比特位或者最低几个比特位的改变,对于整个声音没有明显的影响,因此替换掉这些不重要的部分,可以隐藏秘密信息。

### 3.2.5　实践案例四:LSB 音频信息隐藏

结合以上所学知识,完成实践案例四,详细步骤可以参考实验指导书 4。

LSB 音频信息隐藏

**【学习目标】**

知识:理解 LSB 音频水印嵌入算法。

技能:掌握基于 Python 的音频水印常用操作方法。

**【学习任务单】**

(1) 学习实验指导书 4 中的实验内容。

(2) 按实验指导书完成音频水印实验,嵌入并提取水印。

(3) 在没有攻击和有攻击情况下提取水印图像,比较原始水印图像和提取水印图像的余弦相似度值。

(4) 参考实验指导书按照实验作业要求完成实验作业。

(5) 参考实验报告模板完成实验报告。

(6) 按时提交实验报告。

**【学习内容】**

(1) 了解水印嵌入和提取的方法。

(2) 利用载体音频隐藏嵌入秘密信息图像。

(3) 输出原始音频和携密音频的波形图,在图中嵌入标识身份的信息。

(4) 在没有任何攻击的情况下,从嵌入秘密信息后的音频中提取水印图像。

(5) 在没有任何攻击的情况下,比较原始水印图像和提取水印图像的余弦相似度值,这个值应为 1。

## 3.3　基于 MP3 的音频信息隐藏算法

### 3.3.1　MP3Stego 嵌入水印流程

MP3Stego 由剑桥大学计算机实验室安全组开发一个公开源代码的免费程序,它是在 MP3 上进行水印嵌入研究最具有代表性的软件。MP3Stego 在 WAV 文件压缩成 MP3 的过程嵌入水印信息,嵌入数据先被压缩、加密,然后隐藏在 MP3 比特流中,默认输出的 MP3 格式是 128 bit,单声道。

数字音频的频域信号在量化和编码时,存在量化误差。这个量化误差是一个不确定值,例如采用不同的心理声学模型可以导致不同的量化误差,并且这个量化误差如何取值可以在量化编码程序中进行调整设定。采用不同的量化误差可以导致不同的量化结果,并在一定程度上影响最后的音质。MP3Stego 通过调节量化误差大小,将量化和编码后的长度作为信息隐藏的方法,即长度为奇数代表信息 1,长度为偶数代表信息 0,从而将信息隐藏到最后的 MP3 比特流中。因此,MP3Stego 可以说是一种量化编码信息隐藏方法。

### 3.3.2　实践案例五:MP3 音频信息隐藏

MP3 音频信息隐藏

结合以上所学知识,完成实践案例五,详细步骤可以参考实验指导书 5。

**【学习目标】**

知识:理解 MP3 音频文件特点,理解如何在 MP3 音频文件中嵌入水印。

技能:掌握 MP3Stego 软件的使用方法。

**【学习任务单】**

(1) 学习实验指导书 5 中的实验内容。

(2) 按实验指导书5完成MP3Stego工具实验,编码嵌入秘密信息,解码提取秘密信息。

(3) 参考实验指导书按照实验作业要求完成实验作业。

(4) 参考实验报告模板完成实验报告。

(5) 按时提交实验报告。

**【学习内容】**

(1) 使用MP3Stego工具隐藏秘密信息。

(2) 使用MP3Stego工具提取秘密信息。

(3) 使用MP3播放工具播放隐藏后的音频文件,从听觉效果上和未嵌入秘密信息的原始音频进行比较。

## 本章小结

本章主要介绍音频信息隐藏和数字水印的概念、原理、算法和评价指标。本章重点需要掌握以下知识点:①音频水印的基本原理;②音频水印的评价指标;③理解MP3音频水印3种嵌入方案的特点;④通过实践掌握LSB音频信息隐藏和MP3音频信息隐藏方法。

## 课后习题

**【简答题】**

(1) 回声信息隐藏的原理是什么?

(2) 简述MP3Stego软件隐藏秘密信息的流程。

(3) 音频水印按照水印嵌入的位置可在哪三个位置嵌入?

(4) 音频水印的评价指标有哪些?

(5) 有哪些方法来衡量水印算法透明性?

(6) 音频信息隐藏为什么要比图像信息隐藏难?

**【填空题】**

(1) ________提取语音信号特征参数并对其编码,力图使重建的语音信号具有较高的可懂度,而重建的语音信号波形与原始语音波形可有很大的差别。

(2) 根据回声隐藏算法原理,若载体采样率为8 000 Hz,且每400个样点隐藏1 bit秘密信息,那么使用该算法进行保密通信时,传输速率为20 bit/s。以上分析的算法指标是信息隐藏的________。

(3) 在无符号8比特量化的音频样点序列00010011、00110110、01010010使用最低有效位嵌入010,则样点序列变为________________。

(4) 根据水印加载方式的不同,音频数字水印可分为4类:________________、

________________、________________以及其他类型的数字水印。

(5) 常见的在变换域中的数字水印算法有：________、________和________等。

(6) 音频水印算法性能好坏一般使用 3 个指标来衡量，即________、________和________。

(7) 最常用的音频透明性评测方法是________________。

(8) 在对音频水印算法鲁棒性评价时，通常采用________和________来衡量。

# 第 4 章 图像信息隐藏与数字水印

【教学目标】

- 知识目标

  了解图像信息隐藏与数字水印的基本概念。
- 能力目标

  掌握经典的图像水印嵌入方法。
- 素质目标

  掌握图像水印的嵌入算法和提取算法。

【重点难点】

掌握二值图像的信息隐藏算法;理解图像最低有效位(LSB)隐藏算法的优缺点,掌握图像最低有效位(LSB)隐藏算法;理解变换域图像水印算法的特点;掌握离散余弦变换域(DCT)的图像水印嵌入和提取方法,并对离散余弦变换域的图像水印进行简单攻击。

## 4.1 水印嵌入位置的选择

### 4.1.1 常用水印嵌入位置

水印嵌入位置的选择应考虑两个问题:一是安全性问题;二是对载体质量影响问题,也就是透明性问题。安全性问题是指嵌入的水印不能被非法使用者轻易提取或轻易擦除。透明性问题是指在载体中嵌入了数字水印不能影响数字载体的使用,人类的感观不可察觉嵌入水印引起的失真。

根据 Kerckhoffs 准则,安全的数字水印,其算法公开,安全性应建立在密钥保密性的基础上,而不是建立在算法保密性的基础上。为防止水印被偶然移去,或被直截了当地提取出去,可选择水印在载体中嵌入的位置来达到目的。在许多方案中,采用了一个密钥控制的伪随机数发生器来产生嵌入水印的位置,只有版权所有者知道此密钥,因此他是唯一一个在水印的嵌入和恢复过程中可获得水印的人。

除安全性外，水印嵌入位置的选择对于载体的感观失真也起到关键作用。比如，人类视觉系统的敏感度随着图像纹理特征的变化而改变，因此需要考虑水印位置选择所引起的心理视觉问题。

对于图像而言，在纹理较复杂的地方以及物体的边缘区域，人类的视觉系统不太精确，也就是说对这些部分的失真不太敏感，因此在这些地方非常适合嵌入水印。人眼对于图像比较均匀的光滑区域的失真非常敏感，因此这些地方不适合嵌入水印。从嵌入水印不影响感观效果的角度和人类的心理视觉考虑，应选择合适的区域嵌入水印。

如何选择合适的区域，则利用了预测编码的原理。在信源编码中广泛使用的预测模型是由信号的前一个值预测它的下一个值，前提假设是相邻的样本点或像素点是高度相关的。在一般情况下，特别是在一个图像里，相邻像素的值比较接近。因此，从相邻像素之间的差别上就可区分哪些属于纹理和边缘区域，哪些属于较光滑区域。这样，就可选择合适的位置嵌入水印。

### 4.1.2　二值图像信息隐藏

二值图像又称为单色图像或黑白图像，一般用1或者0分别表示黑色或者白色像素点，二值图像不能使用LSB方法来隐藏秘密信息，因为LSB方法隐藏秘密信息会大幅度修改二值图像的黑白点的值，算法的透明性会非常差。

利用二值图像信息隐藏的方法主要是根据二值图像中黑、白像素的数量的比较来隐藏信息。方法是把一个二值图像分成一系列矩形图像区域B，某个图像区域B中黑色像素的个数大于一半，则表示嵌入0，白色像素的个数大于一半，则表示嵌入1，但是当需要嵌入的比特与所选区域的黑白像素的比例不一致时，为达到希望的像素关系，则需要修改一些像素的颜色。

该方法存在一定的缺陷，没有明确界定哪些像素可以修改以便于隐藏秘密信息，二值图像中某些像素的修改可能会引起二值图像视觉效果上的较大变化，相应的水印嵌入算法可能在较大程度上破坏图像的质量。

二值图像信息隐藏的另一种方法原理如下：将二值图像分块，使用一个与图像块大小相同的密钥二值图像块，与每一个图像块按像素进行“与”运算，“与”运算的结果可以确定是否在该块中嵌入数据，或嵌入怎样的数据。

### 4.1.3　实践案例六：二值图像信息隐藏

结合以上所学知识，完成实践案例六，详细步骤可以参考实验指导书6。

二值图像信息隐藏

**【学习目标】**

知识：了解二值图像的特点。

技能：掌握利用二值图像中黑白像素点数量值进行比较来隐藏秘密信息。

【学习任务单】

(1) 学习实验指导书 6 中的实验内容。

(2) 按实验指导书完成二值图像信息隐藏实验。

(3) 参考实验指导书按照实验作业要求完成实验作业。

(4) 参考实验报告模板完成实验报告。

(5) 按时提交实验报告。

【学习内容】

(1) 在二值图像中嵌入秘密信息。

(2) 通过隐藏秘密信息的数量值来对载体图像进行分块,并提取秘密信息。

# 4.2 空间域替换技术

## 4.2.1 最低有效位嵌入

在各种载体中有很多方法可用于隐藏信息,其中最直观的一种就是替换技术。图像在扫描和采样时,都会产生物理随机噪声,而人的视觉系统对这些随机噪声是不敏感的。替换技术就是利用这个原理,试图用秘密信息比特替换掉随机噪声,以达到隐藏秘密信息的目的。下面以灰度图像来说明图像和声音信号中可用来隐藏信息的地方。首先,介绍图像的数据表示。

如图 4-1 所示,以一个 8×8 的灰度图像为例,共有 64 个像素点,每一个像素点的取值为 0 到 255,可以用 8 bit 表示,图中每一个横截面代表一个位平面,第一个位平面由每一个像素最低比特位组成,第 8 个位平面由每一个像素的最高比特位组成。因此,这 8 个位平面在图像中所代表的重要程度是不同的。

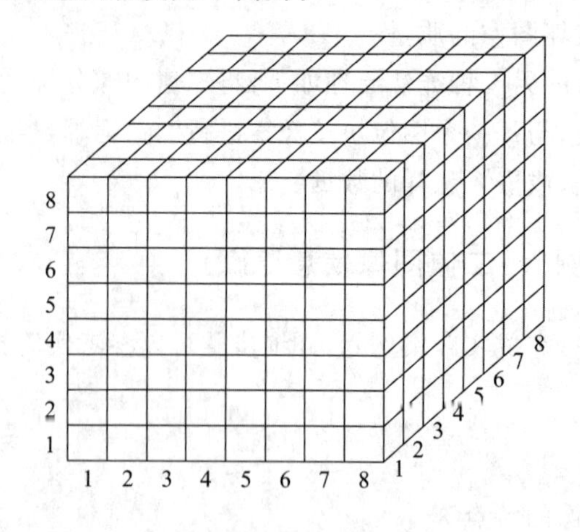


图 4-1 图像像素的灰度表示

最低的两个位平面反映的基本上是噪声,没有携带图像的有用信息。而加入第 3 个位平面后,噪声信息显得不均匀,已经包含了一些图像信息。而第 1 至第 4 个位平面所携带的信息已经有了明显的不均匀,可以注意到已经不是均匀的噪声了,而去掉第 1 至第 4 个位平面的图像已经出现了肉眼可见的误差。每一个位平面对图像能量的贡献大小,也可以帮助理解如何选择信息隐藏的位置,达到不易被察觉的目的。

最低有效位(LSB)信息隐藏是将像素的最后一位替换成秘密消息。每个像素包含红、绿、蓝(RGB)3 个值,这些值的范围从 0 到 255,用 8 位来表示。LSB 隐写即修改每个颜色值的最低一位,将其替换为要嵌入的秘密信息。

LSB 算法可嵌入信息量很大。例如,一幅彩色图像是 512×512 的 RGB 位图,如果只嵌入最低位,最多可嵌入 512×512×3=786 432 bit=96 KB 数据。因为彩色图像有 R,G,B 3 个颜色通道,每个颜色通道可以嵌入一位信息。应用 LSB 算法的图像格式需为位图形式,即图像不能经过压缩。故 LSB 算法多应用于无损压缩的 PNG 和 BMP 等格式,而较少应用于有损压缩的 JPG 格式。

总而言之,BMP 灰度图像每个像素点由 8 比特位记录,其中高位平面对图像影响大,低位平面影响小,最低位平面的影响人眼几乎很难察觉出来。因此,如果将秘密信息存放在最低位,那么能较好地实现信息隐藏。只要用相反的步骤,就可以提取出隐藏的数据。但是最低位很容易受到噪声影响和攻击,可以考虑采用冗余嵌入的方式增强鲁棒性。比如,将一个数据放在一个区域(多个像素)的最低位,提取时提取这一区域的所有低位做数据统计。

### 4.2.2　实践案例七:BMP 图像的 LSB 信息隐藏

BMP 图像的 LSB 信息隐藏

结合以上所学知识,完成实践案例七,详细步骤可以参考实验指导书 7。

**【学习目标】**

知识:掌握 BMP 图像最低有效位隐藏秘密信息的方法 。

技能:学会用 Python 对 BMP 文件的最低有效位逐点隐藏比特信息。

**【学习任务单】**

(1) 学习实验指导书 7 中的实验内容。

(2) 参考实验指导书按照实验作业要求完成实验作业。

(3) 参考实验报告模板完成实验报告。

(4) 按时提交实验报告。

**【学习内容】**

(1) 完成 BMP 图像信息隐藏的嵌入和提取。

(2) 计算原始载体和携密载体的峰值信噪比。

# 4.3 变换域技术

## 4.3.1 常用变换域水印算法

正如信息隐藏一样,数字水印的嵌入也可在不同工作域上进行,如最简单的空间域水印、性能较好的变换域水印等。基于最低有效位(Least Significant Bit,LSB)的水印嵌入方法属于空间域的水印,空间域水印存在的问题是鲁棒性较差,抗干扰能力较弱。一幅图像经过空间域到变换域的变换后,可将待隐藏信息藏入图像的显著区域,在信号的变换域(变换域)中隐藏信息要比在空间域中嵌入信息具有更好的鲁棒性,而且还保持了对人类感官的不可察觉性。目前主要使用的变换域方法有:离散傅里叶变换(Discrete Fourier Transform,DFT)、离散小波变换(Discrete Wavelet Transform,DWT)、离散余弦变换(Discrete Cosine Transform,DCT)等。因此,目前研究得最多的是变换域数字水印嵌入技术。本小节主要介绍几种常见的变换域数字水印。

### 1. 离散傅里叶变换

离散傅里叶变换是信号处理领域应用最为广泛的工具之一,在数字水印技术中也可使用。离散傅里叶变换的目的是将空间域信号转换为频域信号,提供信号的频谱能量分布和相位信息,利用这一工具,可根据需要有效地控制和调整信号的频率成分和相位成分。为在安全性和鲁棒性之间获得最好的平衡,选择载体信号的合适部分来嵌入水印非常必要。

一个较为公认的离散傅里叶变换隐藏方法是在声音信号相位中隐藏,它是利用人耳对相位的不敏感性,来实现信息隐藏。同样,对于数字水印,也可采用类似的方法,在声音信号的相位中嵌入水印。

### 2. 离散小波变换

还有一类常用的变换域水印方法是在小波变换域嵌入水印。因为小波变换是将空间和时间信号,在多个不同的分辨率尺度下进行分解,因此可针对信号的不同分辨率尺度对信号进行处理。而很多信号处理压缩算法都基于小波变换,因此在小波变换域进行水印的嵌入,可提高数字水印鲁棒性。

这里主要介绍一种通过对小波系数进行编码来实现的数字水印算法——邻近值算法。该算法在图像一级小波变换的基础上进行数字水印嵌入,它利用邻近值算法修改小波变换后 $HL_1$ 的每个详细系数,分别嵌入 1 bit 信息。当然也可使用 $HL_1$ 的详细系数来进行水印嵌入。该方案的优点是嵌入的信息量比较大,仅使用 $HL_1$ 的详细系数,就能够嵌入载体图像 1/4 大小的二值数字水印图像。另外,嵌入和提取时采用邻近值算法在动态调整水印方案鲁棒性的同时,还保证了载体图像的视觉效果。嵌入和提取过程如图 4-2 所示。

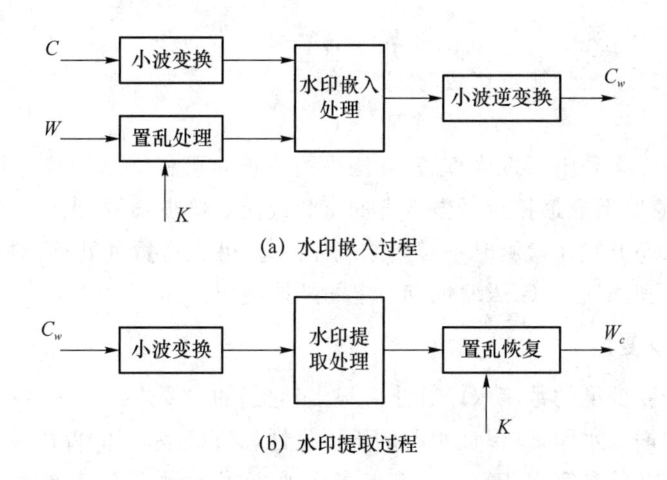


图 4-2　小波系数邻近值水印方案

1）水印的嵌入过程

- 对载体图像 $C$ 做一级小波变换。
- 以密钥 $K$ 为种子对水印数据 $W(i,j)$ 随机置乱，记置乱后的水印图像数据为 $W'(i,j)$。
- 根据 $W'(i,j)$ 的数据，利用邻近值算法水印加载处理，对载体图像的一级小波变换的 $HL_1$ 详细系数进行修改，嵌入水印信息。
- 然后，对修改后的小波变换域系数，做一级小波逆变换，恢复加水印图像，记作 $C_w$。

2）水印的提取过程

- 对加水印图像 $C_w$ 做一级小波变换。
- 利用邻近值算法水印提取处理，从载体图像的一级小波变换的 $HL_1$ 详细系数中提取出已经置乱的水印信息 $W'(i,j)$。
- 对提取出的置乱水印信息 $W'(i,j)$，以密钥 $K$ 为种子对数据 $W'(i,j)$ 进行置乱恢复，提取出嵌入的水印 $W_c$。

3）邻近值算法

邻近值算法的思想是：对于给定的数值 $\Phi$ 和步长 $a$，根据水印比特的取值 0 或 1，修改 $\Phi$ 的值。当要嵌入 1 时，取 $\Phi$ 为最接近 $\Phi$ 的偶数个 $a$ 的值；当要嵌入 0 时，取 $\Phi$ 为最接近 $\Phi$ 的奇数个 $a$ 的值。例如，$\Phi=5$，$a=2.4$，当嵌入 0 时，取 $\Phi=4.8$；当嵌入 1 时，取 $\Phi=7.2$。

（1）嵌入处理：

- 当 $W'(i,j)=1$ 时，修改 $HL_1(i,j)$ 的值，使得 $HL_1(i,j)$ 等于与 $HL_1(i,j)$ 距离最近的 $a$ 的偶数倍的值；
- 当 $W'(i,j)=0$ 时，修改 $HL_1(i,j)$ 的值，使得 $HL_1(i,j)$ 等于与 $HL_1(i,j)$ 距离最近的 $a$ 的奇数倍的值。

（2）提取处理：

- 当 $HL_1(i,j)/a$ 最接近偶数时，取

$$W'(i,j)=1$$

- 当 $HL_1(i,j)/a$ 最接近奇数时,取

$$W'(i,j)=0$$

该数字水印方案采用邻近值算法,算法中的步长 $a$ 可根据水印鲁棒性需要动态地调节,同时在系数修改上取最接近系数本身的奇数或偶数倍步长值,来保证载体图像的视觉效果。该数字水印方案在检测时不需要原载体图像,并且有置乱处理,对剪切攻击具有良好的抵抗能力,同时对 JPEG 压缩也有一定的抵抗能力。

**3. 离散余弦变换**

基于离散余弦变换的数字水印算法有很多,它们的主要思路是一致的:在离散余弦变换的中频系数中嵌入水印,既保证水印的不可见性,又保证水印的鲁棒性,达到一个平衡。基于离散余弦变换的数字水印算法又有许多变种,它们分别是为满足各种不同应用需求和抵抗各种不同种类攻击而设计的。

离散余弦变换是目前使用最多的图像压缩系统(JPEG 压缩)的核心,JPEG(Joint Photographic Experts Group)压缩是将图像的像素分为 8×8 的块,对所有块进行离散余弦变换,然后对离散余弦系数进行量化,量化时,先将所有的离散余弦系数除以一组量化值(如表 4-1 所示),并取最接近的整数。压缩中采用 ZigZag 扫描方式(如图 4-3 所示),将 8×8 的离散余弦系数变为一维序列,这种扫描方式也表示了图像的频率成分,左上角为直流成分,然后顺次为低频成分、中频成分和高频成分。

**表 4-1 JPEG 压缩中使用的量化值(亮度成分)**

| 坐标 | 0 | 1 | 2 | 3 | 4 | 5 | 6 | 7 |
|---|---|---|---|---|---|---|---|---|
| 0 | 16 | 11 | 10 | 16 | 24 | 40 | 51 | 61 |
| 1 | 12 | 12 | 14 | 19 | 26 | 58 | 60 | 55 |
| 2 | 14 | 13 | 16 | 24 | 40 | 57 | 69 | 56 |
| 3 | 14 | 17 | 22 | 29 | 51 | 87 | 80 | 62 |
| 4 | 18 | 22 | 37 | 56 | 68 | 109 | 103 | 77 |
| 5 | 24 | 35 | 55 | 64 | 81 | 104 | 113 | 92 |
| 6 | 49 | 64 | 78 | 87 | 103 | 121 | 120 | 101 |
| 7 | 72 | 92 | 95 | 98 | 112 | 100 | 103 | 99 |

```
zigzag=[0, 1, 8, 16, 9, 2, 3, 10, ...
        17, 24, 32, 25, 18, 11, 4, 5, ...
        12, 19, 26, 33, 40, 48, 41, 34, ...
        27, 20, 13, 6, 7, 14, 21, 28, ...
        35, 42, 49, 56, 57, 50, 43, 36, ...
        29, 22, 15, 23, 30, 37, 44, 51, ...
        58, 59, 52, 45, 38, 31, 39, 46, ...
        53, 60, 61, 54, 47, 55, 62, 63];
```

离散余弦变换域数字水印算法都充分利用离散余弦变换系数的特点，如直流分量和低频系数值较大，代表了图像的大部分能量，对它们做修改会影响图像的视觉效果；高频系数值很小，去掉它们基本不引起察觉；因此最好的水印嵌入区域就是在中频部分。有许多离散余弦变换域的数字水印嵌入算法，大部分算法的核心都是在中频区域选择多个三元组(A1,A2,A3)，每一个三元组嵌入1 bit。如果当前比特为1，那么将3个数中的最大值放在A2位置；如果当前比特为0，则将3个数中的最小值放在A2位置。类似于离散余弦变换域的信息隐藏算法，它们是通过调整这个三元组数据的相对大小来实现水印嵌入。

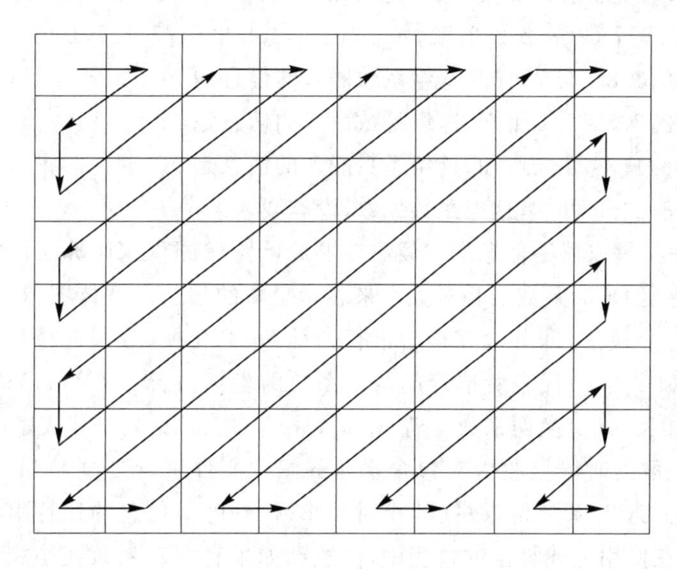

图4-3　ZigZag扫描方式

考虑到嵌入的位置是离散余弦变换的中频系数，它们的值都比较接近，隐藏这类算法嵌入水印信息时对图像的修改很小，这样对图像质量的影响就小。但水印的检测是根据相应位置系数的大小关系来提取水印的，如果三元组系数之间的差别太小，那么当图像受到干扰时，相应的系数关系就有可能改变，造成检测时的误判，即鲁棒性较差。为此，应该先进行预处理，当3个系数的最大值和最小值的差别小于某一阈值时，认为该三元组不适合嵌入水印，该组置为无效。当3个系数的最大值和最小值的差别太大时，也不适合进行系数修改，因为修改后有可能产生视觉差异，这样的组也应置为无效。

实例：

选择3个位置$(u_1,v_1)$，$(u_2,v_2)$，$(u_3,v_3)$。

如果嵌入1：令

$$B_i(u_1,v_1)>B_i(u_3,v_3)+D \quad B_i(u_2,v_2)>B_i(u_3,v_3)+D$$

如果嵌入0：令

$$B_i(u_1,v_1)<B_i(u_3,v_3)-D \quad B_i(u_2,v_2)<B_i(u_3,v_3)-D$$

如果数据不符，那么修改这3个系数值，使得它们满足上述关系，选择参数$D$要权衡算法的鲁棒性和透明性。$D$越大，隐藏算法对于图像处理就越健壮，但对图像的改动也就越大，越容易引起察觉。如果需要做的修改太大，那么放弃该块，将其标识为“无效”块。“无效”对这 3 个系数做小量的修改使得它们满足下面两个条件之一：

$$B_i(u_1,v_1) \leqslant B_i(u_3,v_3) \leqslant B_i(u_2,v_2)$$

或

$$B_i(u_2,v_2) \leqslant B_i(u_3,v_3) \leqslant B_i(u_1,v_1)$$

提取的时候对图像进行离散余弦变换，比较每一块相应 3 个位置的系数，从它们之间的关系可判断隐藏的是信息“1”、“0”还是“无效”块，这样就可恢复秘密信息。

现有一幅采用离散余弦变换系数比较法嵌入水印的图像，已知其系数为：

(1.7,1.0,1.8)，(2.7,2.2,2.7)，(1.7,2.5,1.8)，(1.7,1.8,1.9)。

由 1.7>1.0,1.8>1.0 可知，这组系数嵌入的信息是 1；

由 2.7>2.2,2.7>2.2 可知，这组系数嵌入的信息是 1；

由 1.7<2.5,1.8<2.5 可知，这组系数嵌入的信息是 0；

由 1.7<1.8<1.9 可知，这组系数无效，没有嵌入。

本章介绍一种提取秘密信息的时候不需要原始图像的盲水印算法，算法的思想是利用载体中两个特定 DCT 系数的相对大小来表示隐藏的信息。载体图像分为 8×8 分块，分块采用行优先分块法，即分块完毕后进行二维 DCT 变换，分别选择其中的两个位置，比如用$(u_1,v_1)$和$(u_2,v_2)$代表所选定的两个系数的坐标。若 $B_i(u_1,v_1)<B_i(u_2,v_2)$，则代表隐藏 1；若相反，则交换两系数。若 $B_i(u_1,v_1)>B_i(u_2,v_2)$，则代表隐藏 0；若相反，则交换两系数。提取的时候接收者对包含水印的图像文件进行二维 DCT 变换，比较每一块中约定位置的 DCT 系数值，根据其相对大小，得到隐藏信息的比特串，从而恢复出秘密信息。但是，在使用上述算法的过程中，注意到如果有一对系数大小相差非常小，往往难以保证携带图像在保存和传输过程中以及提取秘密信息过程中不发生变化。因此，在实际的设计过程中，一般都是引入一个 Alpha 变量对系数的差值进行控制，将两个系数的差别放大，可以保证提取秘密信息的正确性。

细节 1：对原始图像分块时采用行优先分块。行优先分块示例代码如图 4-4 所示。

```
test_img = np.array([
    [1, 1, 2, 2],
    [1, 1, 2, 2],
    [3, 3, 4, 4],
    [3, 3, 4, 4],
])
blocks = img_to_blocks(test_img, (2, 2))
```

图 4-4　代码示例

对图 4-4 所示的二维数组，做 2×2 分块后，结果为一个 4×2×2 的 array，如图 4-5 所示。

细节 2:在二维水印嵌入载体之前,需要先将二维水印一维化,再将其二值化。

(1) 采用行优先的方法一维化,即第一行放在前面,第二行跟在第一行后面,第三行跟在第二行后面,……依此类推。(可使用 numpy 的.flatten( )方法)。

```
[[[1. 1.]
  [1. 1.]]

 [[2. 2.]
  [2. 2.]]

 [[3. 3.]
  [3. 3.]]

 [[4. 4.]
  [4. 4.]]]
```

图 4-5　数组示例

(2) 对于灰度图像,每个像素点都有一个值在 0～255 之间。在此范围中,0 代表黑色,255 代表白色。灰度值之间的其他值则表示从黑到白的各种灰色。当进行二值化操作时,我们设置一个阈值,通常为 128。这意味着小于此阈值的像素值将被视为黑色(值为 0),而大于或等于此阈值的值将被视为白色(值为 1)。这样做有以下优点。

① 节省存储空间:原本需要 8 位(从 0 到 255)来表示每个像素的灰度值,而现在只需要 1 位(0 或 1)来表示该像素是黑还是白。

② 简化数据表示:将复杂的灰度图像转换为只包含黑白信息的图像,使得进一步处理变得更简单,尤其是在一些特定的图像处理任务中。

(3) 上述过程可以通过 wm = wm.flatten( ) > 128 执行,其中 wm 是 cv2.imread 读取的图像。

### 4.3.2　实践案例八:DCT 域的图像水印

DCT 域的图像水印

结合以上所学知识,完成实践案例八,详细步骤可以参考实验指导书 8。

**【学习目标】**

知识:了解图像水印的特点,掌握基于 DCT 系数关系的图像水印算法原理。

技能:掌握嵌入二值图像水印信息,掌握水印图像的归一化函数的计算方法,掌握提取攻击后的水印二值图像,计算余弦相似度的值。

**【学习任务单】**

(1) 学习实验指导书 8 中的实验内容。

(2) 按实验指导书 8 完成对图像分块,完成图像中秘密信息的嵌入和提取。完成对携密图像进行高斯噪声攻击,提取攻击后的水印信息。

(3) 参考实验指导书按照实验作业要求完成实验作业。

(4) 参考实验报告模板完成实验报告。

(5) 按时提交实验报告。

**【学习内容】**

(1) 利用文件夹中的彩色图片在 R 颜色通道嵌入秘密信息。输出并观察嵌入前后图像对比。

(2) 计算嵌入秘密信息后峰值信噪比,输出峰值信噪比。取小数点后3位。

(3) 在没有任何攻击的情况下提取水印二值图像,计算余弦相似度。

(4) 将原始水印信息和没有任何攻击情况下提取的水印信息输出并进行比较。

(5) 在图像中添加白噪声模拟高斯噪声攻击。从添加白噪声后的携密图像中提取水印二值图像,计算余弦相似度。观察水印信息和余弦相似度的变化。

## 本章小结

本章主要介绍图像信息隐藏与数字水印技术,需要掌握的知识点如下:①掌握经典的最低有效位信息隐藏算法,通过实验掌握如何实现最低有效位隐藏算法以及各种改进的最低有效位隐藏算法;②掌握如何使用游程编码实现在二值图像中隐藏秘密信息;③掌握离散余弦变换域的图像信息隐藏方法,掌握ZigZag变换的方法,通过实践掌握利用两个离散余弦变换系数之间的关系或者三个离散余弦变换系数之间的关系嵌入秘密信息的方法。

## 课后习题

**【简答题】**

(1) 什么水印算法是盲水印算法?

(2) 512×512的彩色图像使用LSB算法最多能隐藏多少秘密信息?

(3) 常见的变换域方法有哪些?

(4) 水印嵌入位置选择应考虑哪些问题?

(5) 替换技术运用什么原理达到隐藏秘密信息的目的?

**【填空题】**

(1) 在无符号8比特量化的音频样点序列00011011、00111110、01011010使用最低有效位嵌入001,则样点序列变为____________,如果接收到上述样点序列,则可提取的秘密信息为____________。

(2) 检测经打印扫描后图像中的水印有较大难度,其中一个主要原因是:打印过程中,数字信号转变为模拟信号采用半色调处理,而扫描过程中,模拟信号转变为数字信号时会引入噪声,我们称之为____________。

(3) 任何水印算法都需要在容量、____________、鲁棒性三者之间完成平衡。

(4) 根据Kerckhoffs准则,一个安全的数字水印,其算法应该是________,其安全性应该建立在________保密性的基础上,而不应是________的保密性上。

(5) 在各种载体中有很多方法可用于隐藏信息,其中最直观的一种就是________。

(6) 替换技术利用的是人的视觉系统对图像在扫描和采样时产生的________的不敏感性。

(7) 水印嵌入位置的选择应该考虑两个方面的问题：一个是________的问题；另一个是________的问题。

(8) 对于图像而言，______________区域，人类的视觉系统不太精确，也就是说对这些部分的失真不太敏感，因此在这些地方非常适合嵌入水印。人眼对于______________区域的失真非常敏感，因此这些地方不适合嵌入水印。

(9) 在水印嵌入位置选择中，如何选择合适的区域，则利用了________的原理。

(10) 拼凑算法、选择图像的视觉不敏感区域等，都属于________的水印。

(11) 目前主要使用的变换域方法有：________、________、离散傅里叶变换等。

# 第 5 章

# 其他载体信息隐藏与数字水印

【教学目标】

- 知识目标

  熟悉基于文本、软件、视频等载体的信息隐藏技术。
- 能力目标

  掌握常用的文本、软件、视频信息隐藏算法的原理与实现。
- 素质目标

  学会常用的文本、软件、视频信息隐藏方法。

【重点难点】

理解常用的文本信息隐藏的方法；通过编程实现软件静态水印和软件动态水印，并尝试对软件水印进行简单攻击；理解 3 种不同类型的嵌入码流的视频数字水印方案。

## 5.1 文本信息隐藏

文本是信息传递的重要媒体之一，其应用广泛性甚至超过了图像、语音等其他媒体形式。数字化的文字信息所形成的电子文件称为文本文档。格式包括文本格式和图像格式。文本格式以 ASCII 码表示内容，包含.doc，.htm，.rtf，.txt 等格式。图像格式以像素点阵的方式描述内容，比如传真、乐谱。文本文档的输出形态为纸介。

文本信息隐藏是以一定的方式对文本内容及格式等进行修改，从而嵌入所需隐藏的信息。文本信息隐藏的要求是嵌入秘密信息后不影响文本文档的可读性，且不在内容表征上产生可被视觉感知的异常。文本信息隐藏可分为语义隐藏、显示特征隐藏和格式特征隐藏 3 种隐藏方法。

### 5.1.1 语义隐藏

语义隐藏是利用语言文字自身及其修辞方面的知识和技巧，在一定规则下对原文进行重新排列或剪裁，从而隐藏和提取信息。例如，根据文字表达的多样性进行同义词置换，将嵌入信息与单词或语句进行映射替换。图 5-1 是利用句法的隐藏方式。

| 变换方式 | 变换后的句子 |
| --- | --- |
| 未作变换的原始句子 | 周洋最后夺得了第一名 |
| 移动附加语的位置 | 最后周洋夺得了第一名 |
| 加入形式主语 | 是周洋最后夺得了第一名 |
| 主动式变被动式 | 第一名最后被周洋夺得了 |
| 在句子中插入“透明短语” | 正如我们看到的，周洋最后夺得了第一名 |

图 5-1　利用句法的隐藏方式

基于语义的隐藏方法还可采取同义词替换。比如：开心替换为高兴；dialog 替换为 dialogue 等。可建一个同义词库，对库中的同义词分级。

### 5.1.2　显示特征隐藏

针对相关编辑显示软件的特点，利用可编辑但无法屏幕显示的字节，将数据嵌入文本文档中，而文档的显示内容不变。例如，在文件头、尾嵌入数据。

### 5.1.3　格式信息隐藏

格式信息隐藏是利用文本文档格式特征的随机性，以一定方式对文档的各元素特征（如字形、字体、位置等）进行修改，而不引起阅读者怀疑。格式信息隐藏用于在文档图像中隐藏信息，通常是在文档图像的字、行、段等位置做少量修改。其原理是：对载体进行某种修改，其修改方式与需要嵌入的秘密信息比特相关联，通过比较修改后的载体与原始载体的差别来提取隐藏信息，对载体的修改应该是不易察觉的。

例如，在行间距编码中，行的位置根据秘密信息位进行上移或下移，为检测时能同步，需要保持一些行不变，如隔行不变。提取秘密信息时，可使用质心检测法（质心定义为水平轴上一行的中心），计算移动行的质心与上下不动行质心之间的距离。例如，利用行间距编码隐藏秘密信息，利用文本的行间距携带水印信息。根据经验，当垂直位移量等于或小于 1/300 英寸时，人眼将无法辨认。需嵌入信息的行进行轻微上移和下移。或者将文本某行中的一个单词水平左移或右移来嵌入水印信息，相邻的单词并不移动，作为解码过程中的位置参考，人眼无法辨认 1/150 英寸以内单词的水平位移量。

## 5.2　软 件 水 印

随着软件产业迅速发展，软件产品的版权保护问题日益凸显。目前，在软件版权保护方面，人们主要是通过加密、认证等方式进行。软件水印则是另一种全新的软件保护措施。

### 5.2.1 软件水印的特征和分类

软件水印是把程序的版权信息和用户身份信息嵌入程序中。目前,国内外详细而全面地介绍软件水印的文章较少,主要因为软件(通常是一段可执行程序)与一般数字产品不同,它不能在进行大量、深层次修改后仍保持原有特征。因此,在软件中嵌入一个或若干个证明知识产权的数字水印很难,而且也难以设计出防止攻击、具有鲁棒性的水印。

为使软件水印能够真正发挥保护软件所有者的知识产权的作用,一般要求软件水印具有以下特征。

(1) 能够证明软件的产权所有者。这是软件水印存在的主要目的。

(2) 具有鲁棒性。软件水印必须能够抵抗攻击、防止篡改,而且软件的正常压缩解压以及文件传输不会对水印造成破坏。

(3) 软件水印的添加应该定位于软件的逻辑执行序列层面而不依赖于某一具体的体系结构。一般说来,结合某一具体的体系结构特征往往能增加软件水印的鲁棒性。

(4) 软件水印应便于生成、分发以及识别。

(5) 对软件已有功能和特征的影响在实际环境下可忽略。如果软件水印的存在对软件正常运行造成很明显的负面影响,那么该水印不是一个设计良好的水印。

根据水印嵌入位置,软件水印分为代码水印和数据水印。代码水印隐藏在程序的指令中,数据水印隐藏在头文件、字符串和调试信息等数据中。根据水印被加载的时刻,软件水印可分为静态水印和动态水印。静态水印存储在可执行程序的代码中,比较典型的是把水印信息放在安装模块中或者指令代码中或者调试信息的符号中。静态水印又可进一步分为静态数据水印和静态代码水印。区别于静态水印,动态水印则是保存在程序的执行状态中,而不是保存在程序源代码本身中。动态水印可用于证明程序是否经过了迷乱变换处理。动态水印主要有3类:Easter Egg水印、数据结构水印和执行状态水印。每种动态水印都需要有预先输入,然后程序会根据输入运行到某种状态,这些状态就代表水印。

### 5.2.2 软件水印的发展方向

软件水印是密码学、软件工程、算法设计、图论、程序设计等学科交叉研究领域。掌握软件水印的发展方向对软件水印的研究有重要指导意义。今后软件水印技术的研究和其他多媒体水印技术一样应侧重于完善理论,提高水印算法的鲁棒性,建立相关标准。而且软件保护方式的设计应在一开始就作为软件开发的一部分来考虑,列入开发计划和开发成本中,并在保护强度、成本、易用性之间进行折衷考虑,选择一个合适的平衡点。

在计算机技术迅速发展的今天,软件水印技术的研究显得更具有现实意义,但也必须认识到,对软件版权的保护仅仅靠技术是不够的,最终要靠的是人们知识产权意识的提高和法制观念的进步。

### 5.2.3 实践案例九:软件水印

结合以上所学知识,完成实践案例九,详细步骤可以参考实验指导书9。

软件水印

【学习目标】

知识:了解软件水印的基本原理,掌握静态软件水印和动态软件水印的特点。

技能:使用Python生成静态和动态软件水印。

【学习任务单】

(1) 学习实验指导书9中的实验内容。

(2) 按实验指导书完成软件水印实验。通过Python生成静态和动态水印,并对其进行基本的攻击尝试。

(3) 参考实验指导书按照实验作业要求完成实验作业。

(4) 参考实验报告模板完成实验报告。

(5) 按时提交实验报告。

【学习内容】

(1) 学习软件水印的分类和原理。

(2) 生成静态数据水印。

(3) 掌握嵌入源代码中的水印(静态代码水印)。

(4) 掌握在不影响软件功能的情况下提取水印信息。

(5) 掌握值类型动态数据结构水印。

## 5.3 视频水印

随着视频的流行和广泛传播,视频已经成为最流行的传播载体之一,因此对数字视频的版权保护、盗版跟踪、复制保护、产品认证等逐渐成为宽带内容市场和电子消费市场迫切需要解决的问题。数字水印在视频领域的应用近年来成为学术界和商业界共同关注的焦点。

### 5.3.1 视频水印的特点

视频是由一帧帧图像序列组成的,因此视频和图像有相类似的地方,图像水印技术可以直接应用于视频。但视频水印和图像水印又存在较大差异。一是视频是大容量、结构复杂、信息压缩的载体(宿主),调整给定的水印信息和宿主信息之间的比率,变得越来越不重要。二是可用信号空间不同。对于图像,信号空间非常有限,这就促使许多研究者利用人类视觉特性模型,让嵌入水印达到可视门限而不影响图像质量;而对视频来说,由于时间域掩蔽效应等特性在内的更为精确的人眼视觉模型尚未完全建立,在某些情况下甚至不能像静止图像那样充分使用基于人类视觉特性的模型，且在MPEG视频编码器和译码器的某些模式下，水印会导致视觉失真更难以控制。三是视频作为一系列静止图像的集合，会遭受一些特定的攻击，如掉帧、速率改变等。一个好的水印可将水印信息分布在连续的几帧中，当遭受掉帧、速率改变等攻击后，还可以从一个短序列中恢复全部水印信息。四是虽然视频信号空间非常大，但视频水印经常有实时或接近实时的限制，与静止图像水印相比，降低视频水印的复杂度更重要。同时，现有的标准视频编码格式也会造成水印技术引入上的局限性。

基于以上差异，视频水印除了具备难以觉察性、鲁棒性外，还具有以下特征。

(1) 水印嵌入和检测的复杂度可以不对称。通常，水印嵌入设计得复杂，以抵抗各种可能的攻击，而水印提取和检测基于实时应用设计得简单。

(2) 水印通常在压缩域进行处理。视频数据通常以压缩的格式存储，基于复杂度要求，更宜将水印加入压缩后的视频码流中。如果解码后加入水印再进行编码，那么计算量将相当大。

(3) 通常，在视频中加入水印不会明显增加视频流码率。

(4) 水印检测时不需要原始视频(保存所有的原始视频几乎不可能)。

### 5.3.2 视频水印的分类

对图像水印的分类方法原则上可推广到对视频水印的分类。视频水印按嵌入位置分，可分为空间域和变换域；按水印特性分，可分为鲁棒性水印、脆弱性水印和半脆弱性水印；按嵌入码流位置分，可分为在原始视频流嵌入、在视频编码器嵌入和在视频压缩码流嵌入；按水印的嵌入与提取是否跟视频的内容相关分，可分为与视频内容无关的第一代视频水印和基于内容的第二代视频水印；按视频载体采用的压缩编码标准分，可分为基于MPEG1或MPEG2标准的视频水印、基于MPEG4标准的视频水印和基于其他压缩标准。

如图5-2所示，在原始视频流嵌入水印、在视频编码器嵌入水印和在视频压缩码流嵌入水印。

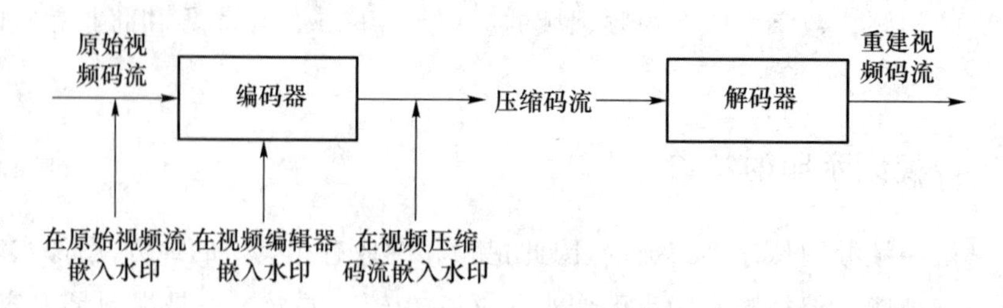


图5-2 视频水印嵌入的三种方案

在原始视频流嵌入水印的优点是：水印嵌入方法多，原则上图像水印方案均可应用于此，算法成熟，有鲁棒性水印、脆弱性水印等，可用于多种用途。缺点是：①经过视频编码处理后，会造成部分水印信息丢失，给水印的提取和检测带来不便，会增加数据比特率；

②对于已压缩的视频，需先解码，嵌入水印后，再重新编码，算法运算量大、效率低，防攻击能力差。

在视频编码器嵌入水印一般是通过修改编码阶段的离散余弦变换域中的量化系数，并且结合人类视觉特性嵌入水印。该方案的优点是：①水印仅嵌入在离散余弦变换系数中，不会增加数据比特率；②易设计出抗多种攻击的水印。缺点是：存在误差积累，嵌入的水印数据量低，没有成熟的三维时空视觉隐蔽模型，需要深入研究。

在视频压缩码流嵌入水印的优点是：没有解码和再编码的过程，提高了水印嵌入和提取的效率。缺点是：压缩比特率的限制限定了嵌入水印的数据量的大小，嵌入水印的强度受视频解码误差约束，嵌入后效果可能有可察觉的变化。这一设计策略受到相应视频压缩算法和视频编码标准的局限，如恒定码率的约束。因此，从算法设计角度具有一定难度。该类算法应具备的基本条件有：①水印信息的嵌入不能影响视频码流的正常解码和显示；②嵌入水印的视频码流仍满足原始码流的码率约束条件；③内嵌水印在体现视觉不易察觉性的同时，能够抗有损压缩编码。

前面讲的视频水印都是基于帧的视频水印方案。在实际应用中，非法使用者常常并不使用整幅图像(帧)，而只是剪切图像(帧)中某些有意义的对象来非法使用。这样基于对象的视频水印的思想很早就产生了。为进一步提高视频压缩的效率，研究人员提出了基于对象的视频压缩算法，如 MPEG-4。MPEG-4 是一种高效的基于对象的视频压缩标准，有着广泛的应用前景，如移动通信中的声像业务、网络环境下的多媒体数据的集成以及交互式多媒体服务等。MPEG-4 的应用使得对视频对象的操作变得更加容易，这样，对视频对象的保护显得更为迫切，正因为如此，基于对象的视频水印迅速成为视频水印的一个热门研究方向。

## 本章小结

本章主要介绍文本、软件和视频水印，需要掌握的知识点如下：①典型的文本信息隐藏方法，包括语义隐藏、显示特征隐藏、格式信息隐藏等；②软件数字水印的概念、基本特征和分类，掌握静态软件水印和动态软件水印的特点；③通过实践掌握软件水印的基本实现方法并尝试进行攻击；④视频水印的特点；⑤视频水印嵌入码流 3 种不同类型的优缺点。

## 课后习题

**【简答题】**

(1) 为使软件水印能够真正发挥保护软件所有者的知识产权的作用，一般要求软件水印具有哪些特征?

(2) 什么是文本信息隐藏?文本信息隐藏方法可分为哪几类?

(3) 视频水印的特点是什么?视频水印和图像水印的相同点是什么?

(4) 实现“水印直接嵌入在视频压缩码流中”这一方案应具备的基本条件是什么?

**【填空题】**

(1) 数字水印在________方面,比信息隐藏要求更宽松,在________方面比信息隐藏要求更严格。

(2) 文本信息隐藏可分为:________、________和________ 3 种方法。

(3) 在格式化文本中嵌入信息的原理是利用文本的________或者文档的________来隐藏信息。

(4) 软件水印就是把________和________嵌入程序中。

(5) 根据水印的嵌入位置,软件水印可分为________和________。

(6) 代码水印隐藏在程序的________中,而数据水印则隐藏在________________中。

(7) 根据水印被加载的时刻,软件水印可分为________和________。静态水印又可进一步分为________和________。

(8) 静态水印存储在________中,比较典型的是把水印信息放在安装模块部分,或者是指令代码中,或者是调试信息的符号部分。

(9) 动态水印则保存在________中,这种水印可用于证明程序是否经过了迷乱变换处理。

(10) 动态水印可分为:________、________和________。

(11) 按嵌入策略分,视频水印可分为________和________两种;按水印特性分,可分为________、________和________;按嵌入位置分,可分为在________、________、________。

(12) 为进一步提高视频压缩的效率,研究人员提出了________的视频压缩算法,例如已经制定出的 MPEG-4。

# 第6章 信息隐藏分析

【教学目标】

- 知识目标
  熟悉信息隐藏的分类标准；
  了解隐写分析技术的目标和层次。
- 能力目标
  掌握发现隐藏信息、破坏隐藏信息和提取隐藏信息的方法；
  掌握隐写分析的常用评价指标。
- 素质目标
  学会对隐写分析算法的性能进行分析和评价。

【重点难点】

理解隐写分析的分类方法；理解隐写分析的3个层次；理解隐写分析技术的常用性能评价指标；掌握图像LSB隐写的卡方分析方法。

## 6.1 隐写分析分类

### 6.1.1 根据适用性

隐写术和隐写分析技术从本质上来说类似矛和盾，两者实际上又相互促进。隐写分析是指对可疑的载体信息进行攻击以达到检测、破坏，甚至提取秘密信息的技术，它的主要目标是揭示载体中隐蔽信息的存在性，或是指出载体中存在秘密信息的可能性。

隐写分析根据隐写分析算法适用性可分为：专用隐写分析(Specific Steganalysis)和通用隐写分析(Universal Steganalysis)。专用隐写分析算法是针对特定隐写技术或研究对象的特点进行设计，这类算法的检测率高，针对性强，但专用隐写分析算法只能针对某一种隐写算法。通用隐写分析，就是不针对某一种隐写工具或者隐写算法的盲分析。通用隐写分析方法在没有任何先知条件的基础下，判断载体中是否隐藏有秘密信息。通用隐写分析方法其实就是一个判断问题，就是判断文件是否隐藏了秘密信息。使用的方法是对隐藏秘密信息的载体和未隐藏秘密信息的载体进行分类特征提取,通过建立和训练分类器,判断待检测载体是否为隐写载体。这类算法适应性强,可对任意隐写技术进行训练,但目前检测率普遍较低,很难找到对所有或大多隐写方案都稳定有效的分类特征。

### 6.1.2 根据已知消息

前面介绍过,信息隐藏算法类似于密码算法,那么信息隐藏的分析应该如何入手呢?既然信息隐藏的目的就是想方设法不引起怀疑,那么对所有正常和看似正常的信息传递,应如何下手进行分析呢?首先参考一下在密码分析中是如何做的。对密码破译者来说,可使用的攻击方法有仅知密文攻击、已知明文攻击、选择明文攻击和选择密文攻击。在仅知密文攻击中,密码破译者只能得到加密的密文。在已知明文攻击中,密码破译者可能有加密的消息和部分解密的消息。选择明文攻击是对密码破译者最有利的情况,在这种情况下,密码破译者可任意选择一些明文以及所对应的密文。如果再能获得加密算法和密文,密码破译者就能加密明文,然后在密文中进行匹配。选择密文攻击可用于推测加密密钥。密码分析的难点不是检测到已加密的信息,而是破译出加密的信息。

隐写分析需要在载体对象、伪装对象和可能的部分秘密消息之间进行比较。隐藏的信息可加密也可不加密,如果隐藏的信息是加密的,那么即使隐藏的信息被提取出来,还需要使用密码破译技术,才能得到隐藏的明文信息。

在信息隐藏分析中,可类似于密码分析,定义如下隐藏分析方法。

(1) 仅知伪装对象攻击:只能得到伪装对象进行分析,也就是仅能得到携密隐写载体。

(2) 已知载体攻击:可得到原始载体和伪装对象(携密载体)进行分析。

(3) 已知消息攻击:攻击者可获得隐藏的消息。即使这样,攻击同样是非常困难的,甚至可认为难度等同于仅知伪装对象(携密载体)攻击。

(4) 选择伪装对象攻击:已知隐藏算法和伪装对象(携密载体)进行攻击。

(5) 选择消息攻击:攻击者可用某个隐藏算法对一个选择的消息产生伪装对象(携密载体),然后分析伪装对象(携密载体)中产生的模式特征。它可用来指出在隐藏中具体使用的隐藏算法。

(6) 已知隐藏算法、载体和伪装对象(携密载体)攻击:已知隐藏算法和伪装对象(携密载体),并且能得到原始载体情况下的攻击。

即使定义了信息隐藏的几类分析方法,并假定攻击者有最好的攻击条件,提取隐藏的信息仍然是非常困难的。对于一些鲁棒性非常强的隐藏算法,破坏隐藏信息也不是一件容易的事情。

### 6.1.3 根据采用的分析方法

隐写分析根据采用的分析方法可分3种。

(1) 感官分析:利用人类感知能力来对数字载体进行分析检测,准确性较低。图6-1中携密载体的第一位平面从视觉效果和原图差别很大,可大致判断嵌入了秘密信息。

(a) 原始图像　(b) 携密图像

(c) 原始图像第一位平面　(b) 携密图像第一位平面

图 6-1　视觉感觉的隐写分析 1

图 6-2(d)图提取的位平面中云层的感觉效果和(c)图提取的位平面中云层的感觉效果差别较大，从图像的感觉效果，可判断隐藏了秘密信息。

(2) 统计分析：将原始载体的理论期望频率分布和从可能是隐秘载体中检测到的样本分布进行比较，从而找出差别的一种检测方法。统计分析的关键问题在于如何得到原始载体数据的理论期望频率分布。

(3) 特征分析：由于进行隐写操作使得载体产生变化而产生独有特征，这种特征可能是感官、统计或可度量的特征。通过度量特征分析信息隐藏往往还需要借助对特征度量的统计分析。比如，基于文件结构的隐写特征文件大小异常(例如，调色板中有像素没有使用的颜色；又如，隐写软件 TheThirdEye 的隐写标记"www. binary-techNologies. com"；再如，早期 F5 算法总插入"JPEG Encoder Copyright 1998, James R. Weeks and BioElectroMech"，而普通图像编辑器几乎不会插入这条信息)。

### 6.1.4　根据最终的效果

隐写分析根据最终效果可分为两种：一种是被动隐写分析(Passive Steganalysis)；另一种是主动隐写分析(Active Steganalysis)。被动隐写分析仅仅判断多媒体数据中是否存在秘密信息，有一些被动隐写分析算法会尝试判断携密隐写载体所采用的算法。主动隐写分析的目标是估算隐藏信息的长度、估计隐藏信息的位置、猜测隐藏算法使用的密

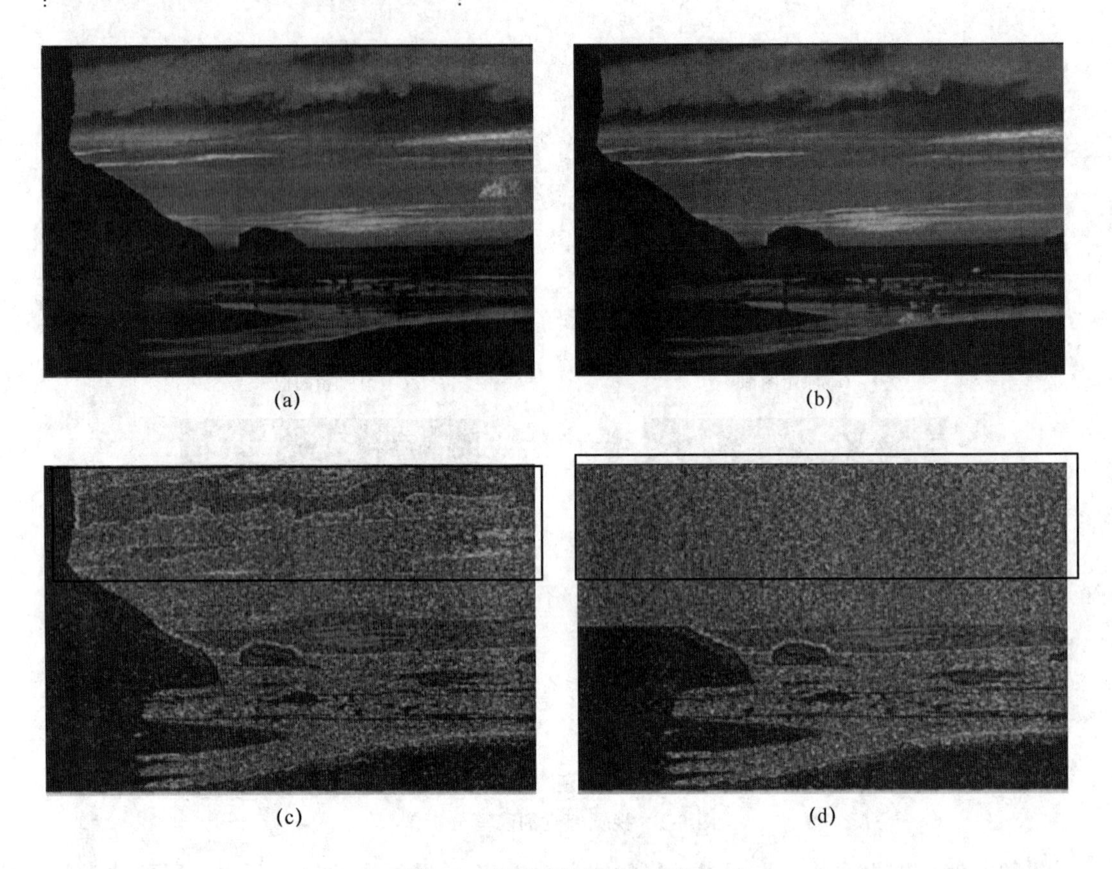


图 6-2　视觉感觉的隐写分析 2

钥、猜测隐藏算法使用的某一些参数，主动隐写分析的终极目标是提取隐藏的秘密信息。目前，隐写分析的研究主要集中在被动隐写分析技术上，主动隐写分析技术难度较大，至今未有深入的研究成果。

## 6.2　信息隐藏分析的层次

信息隐藏分析目的有 3 个层次。第一，是否能发现隐藏信息，也就是要回答在一个载体中，是否隐藏有秘密信息。第二，如果藏有秘密信息，是否可以提取出秘密信息。第三，如果藏有秘密信息，不管是否能提取出秘密信息，都不想让秘密信息正确到达接收者手中。信息隐藏分析目的的第三个层次，就是将秘密信息破坏，但又不影响伪装载体的感观效果(视觉、听觉、文本格式等)，也就是说使得接收者能够正确收到伪装载体，但又不能正确提取秘密信息，并且无法意识到秘密信息已经被攻击。

### 6.2.1　发现隐藏信息

从前一章介绍的信息隐藏技术来看，信息隐藏技术主要分为这样几大类：一是时域

(或空间域)替换技术,它主要是在载体固有的噪声中隐藏秘密信息;二是变换域技术,它主要是在载体最重要的部位隐藏信息;三是其他常用技术,如扩频隐藏技术、统计隐藏技术、变形技术、载体生成技术等。在信息隐藏分析中,当然应该根据可能的信息隐藏方法,分析载体中的变化,来判断是否隐藏了信息。

在时域(或空间域)的最低比特位隐藏信息的主要方法是用秘密信息比特替换载体的量化噪声和可能的信道噪声。在对这类方法的隐藏分析中,如果仅知伪装对象,那么只能从感观上感觉载体有没有降质。例如:对于图像信号,看图像有没有出现明显的质量下降;对于声音信号,听有没有附带的噪声;对于视频信号,观察有没有不正常的画面跳动或者噪声干扰等。如果还能够得到原始载体(即已知载体攻击的情况下),那么可对比伪装对象和原始载体之间的差别。这里要注意区别正常的噪声和用秘密信息替换后的噪声。正常量化噪声应该是高斯分布的白噪声,而用秘密信息替换后(或者秘密信息加密后再替换),它们的分布就可能不再满足高斯分布,因此可通过分析伪装对象和原始载体之间差别的统计特性,来判断是否存在信息隐藏。

在带调色板和颜色索引的图像中,调色板颜色一般按照使用最多到使用最少进行排序,以减少查寻时间以及编码位数。颜色值之间可逐渐改变,但很少以 1 bit 增量方式变化。灰度图像颜色索引是以 1 bit 增长的,但所有 RGB 值是相同的。如果在调色板中出现图像中没有的颜色,那么图像一般存在问题。如果发现调色板颜色的顺序不按照常规方式排序,那么也可怀疑图像中存在问题。调色板中是否隐藏信息,一般容易判断。即使无法判断是否有隐藏信息,对图像的调色板进行重新排序,按照常规方法重新保存图像,也有可能破坏掉用调色板方法隐藏的信息,同时对传输图像没有感观的破坏。

用变换域技术进行的信息隐藏,其分析方法更为复杂。首先,从时域(或空间域)的伪装对象与原始载体的差别中,无法判断是否有问题,因为变换域的隐藏技术,是将秘密信息嵌入变换域系数,也就是嵌入在载体能量最大的部分中,而转换到时域(或空间域)中后,嵌入信息的能量是分布在整个时间或空间范围中的,通过比较时域(空间域)中的伪装对象与原始载体的差别,无法判断是否隐藏了信息。因此,要分析变换域信息隐藏,还需要针对具体的隐藏技术,分析其产生的特征。这一类属于已知隐藏算法、载体和伪装对象的攻击。

对于以变形技术进行的信息隐藏,通过细心观察就可发现破绽。例如,在文本中,一些不太规整的行间距和字间距,以及一些不应该出现的空格或字符等。

对于通过载体生成技术产生的伪装载体,通过观察就可发现其与正常文字的不同之处。比如,用模拟函数产生的文本,尽管它符合英文字母出现的统计特性,能够躲过计算机的自动监控,但人眼一看就能发现它不是一个正常的文章。再如,用英语文本自动生成技术产生的文本,尽管每个句子都符合英语语法,但一阅读就会发现句子与句子之间内容不连贯,段落内容混乱,通篇文章没有主题,内容晦涩不通,等等,它与正常的文章有明显的不同。因此,通过人的阅读就会发现问题,意识到有隐藏信息存在。

对于在文件格式中进行的信息隐藏,如在声音文件(*.wav)、图像文件(*.bmp)等格式中隐藏信息。在这些文件中,先有一个文件头信息,主要说明了文件的格式、类型、大小等数据,然后是数据区,按照前面定义的数据的大小区域存放声音或图像数据。而文件格式的隐藏就是将要隐藏的信息粘贴在数据区之后,与载体文件一起发送。任何人都可用正常格式打开这样的文件,因为文件头没有变,而且读入的数据尺寸是根据文件头定义的数据区大小来读入的,因此打开的文件仍然是原始的声音或图像文件。这种隐藏方式的特点是隐藏信息的容量与载体的大小没有任何关系,而且隐藏信息对载体没有产生任何修改。它容易引起怀疑的地方是,文件的大小与载体的大小不匹配,比如一个几秒钟的声音文件以一个固定的采样率采样,它的大小可计算,如果实际的声音文件比它大许多,就说明可能存在以文件格式方式隐藏的信息。

计算机磁盘的未使用区域也可用于隐藏信息,可通过使用一些磁盘分析工具,来查找未使用的区域中存在的信息。

### 6.2.2 提取隐藏信息

如果察觉到载体中隐藏有信息,那么接下来的任务就是想办法提取秘密信息。提取隐藏信息是更加困难的一步。在不知道发送方使用的隐藏信息的方法时,要想正确地提取秘密信息非常困难。即使知道发送方使用的隐藏算法,如果不知道秘密信息的嵌入位置,要想正确地提取秘密信息其困难可说是等同于前一情况。即使能够顺利地提取出嵌入的比特串,如果发送方在隐藏信息之前进行了加密,那么要想得到明文信息,还需要完成密码的破译工作。在一般情况下,为了保证信息传递的安全,除了用伪装的手段掩盖机密信息传输的事实外,还会采用密码技术对信息本身进行保护,通常会使用双重安全保护。可想见,要想从一个携密载体中提取出隐藏的秘密信息,其难度有多大。

这里只能介绍一些可能的方法,对简单隐藏进行信息提取。

针对在时域(或空间域)中的最低有效位隐藏信息的方法,可将伪装对象的最低比特位(或者最低几个比特位)的数据提取出来,以显示用明文方式隐藏的信息。提取隐藏信息时应该考虑到,发送方在信息隐藏时为平衡隐藏信息的鲁棒性和安全性而可能选择的比特位——如果嵌入在最低比特位,那么很容易受到一般噪声的影响,从而鲁棒性较差;如果嵌入在较高比特位,那么可能对感观的影响较大。例如,在 8 比特灰度图像中,一般改变后 4 个比特位都不会影响人眼对图像的视觉效果。因此,在提取嵌入的信息时,应该顺序检查最低的后 4 个比特位,并检查是在哪一个位平面上的隐藏,或者是在哪几个位平面上的隐藏。如果发送方是以明文方式隐藏的,那么还比较好识别;如果信息是加密后再隐藏,那就很难确定究竟哪些是隐藏的信息了,即使能确定,要想提取出秘密信息,还需要对隐藏信息进行密码破译。

而利用文件格式隐藏的信息,则比较容易提取。如果发现一个多媒体文件的大小比实际数据量大很多,那么可肯定是采用文件格式法隐藏了信息。根据文件的格式,找到粘贴额外数据的地方,就可得到附带的秘密信息。如果秘密信息是加密的,那么还需要破译密码。

### 6.2.3 破坏隐藏信息

在信息监控时,如果发现有可疑文件在传输,但又无法提取出秘密信息,无法掌握确凿证据证明其中确实有问题，这时可让伪装对象（携密载体）在信道上通过，但破坏掉其中有可能嵌入的信息，同时对携密载体不产生感观上的破坏，使得接收方能够收到携密载体，但无法正确提取出秘密信息。这样也能够达到破坏非法信息秘密传递的目的。

对于以变形技术在文本的行间距、字间距、空格和附加字符中隐藏的信息，可用字处理器打开，将其格式重新调整后再保存，这样就可去掉有可能隐藏的信息。在第二次世界大战中，检查者截获了一船手表，他们担心手表的指针位置隐含信息，因此对每一只手表的指针都做了随机调整，这也是一个类似的破坏隐藏信息的方法。

对于时域（或空间域）中的最低有效位隐藏方法，可采用叠加噪声的方法破坏隐藏信息，还可通过一些有损压缩处理（如图像压缩、语音压缩等）对伪装对象（携密载体）进行处理，由于最低有效位方法是隐藏在图像（或声音）的不重要部分，经过有损压缩后，这些不重要的部分很多被去掉了，因此可达到破坏隐藏信息的目的。

对于变换域的信息隐藏，要破坏隐藏的信息相对来说就会困难一些。变换域方法是将秘密信息与载体的最重要部分“绑定”在一起（比如在图像中隐藏），是将秘密信息分散嵌入在图像的视觉重要部分，通常只要图像没有被破坏到不可辨认的程度，隐藏信息很难被察觉。对于用变换域技术进行的信息隐藏，采用叠加噪声和有损压缩的方法去破坏隐藏信息一般是行不通的，可采用的有效方法包括图像的轻微扭曲、裁剪、旋转、缩放、模糊化、数字到模拟和模拟到数字的转换（图像的打印和扫描，声音的播放和重新采样）等，还可采用变换域技术再嵌入一些信息来破坏隐藏信息，将这些技术结合起来使用，可破坏大部分变换域的信息隐藏。

本小节讨论破坏隐藏信息的方法，并非提倡非法破坏正常的信息隐藏，而是用于如下两个方面。

- 用于国家安全机关对违法犯罪分子的信息监控过程。为阻断犯罪分子利用信息隐藏技术传递信息，可采用破坏隐藏信息的手段。
- 用作信息隐藏技术的评估系统，用于研究隐藏算法的鲁棒性。在研究信息隐藏算法的安全性时，必须有一个有效的评估手段，检查其能否经受各种破坏，能够经受哪几类破坏，了解其有何优点，有何弱点，根据这些评估，才能确定一个信息隐藏算法适用的场合。因此，研究信息隐藏的破坏是研究安全信息隐藏算法所必须的。

## 6.3　隐写分析评价指标

现有文献对隐写分析涉及的对象的性能指标描述不一致，本节先介绍隐写与隐写分析系统（如图 6-3 所示）。隐写载体经过不安全的信道，可能会遭受蓄意的或非蓄意的攻击。非蓄意攻击包括信道噪声、传输过程编码转换引入的噪声等。蓄意攻击包括主动攻击和被动攻击。主动攻击的思路是，无论载体是否携带秘密信息，都对其引入不显著影响其感官价值的噪声，干扰可能存在的秘密信息。隐写分析属于被动攻击，隐写分析是尝试判定待检测载体是否是隐写载体。

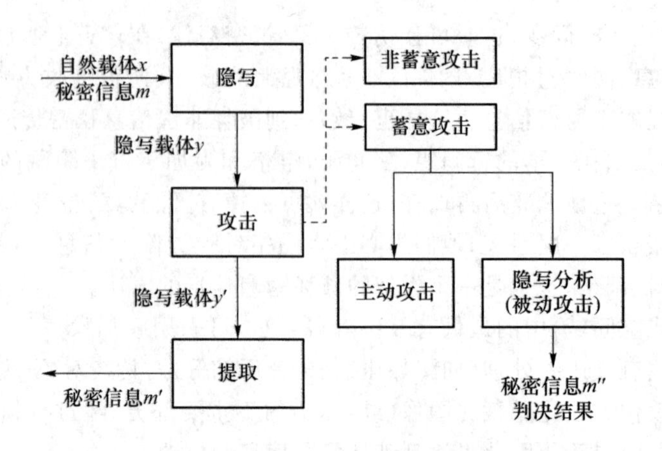


图 6-3　隐写与隐写分析系统

因为主动隐写的算法和成果非常少，这里仅仅讨论被动隐写分析方法的评价，被动隐写分析方法的评价有准确性、适用性、实用性和复杂度 4 个指标。

**1. 准确性**

准确性是指检测的准确程度。现有的隐写分析算法性能指标不统一。早期国外文献多使用 False Positive 和 False Negative 来描述隐写分析算法的性能。这两个词广泛应用于计算机领域，尤其是模式识别领域，前者指错误地将不属于分类的对象判定为属于分类，就隐写分析而言，是将自然载体判定为隐写载体；后者指错误地将属于分类的对象判定为不属于分类，就隐写分析而言，是将隐写载体判定为自然载体。国内文献还使用了错误率、错判、漏判等词汇来描述检测的准确程度。本书采用以下约定：

$N$ 为一次测试的样本集大小（自然载体数和隐写载体数之和）；$N_T$ 为正确判决次数；$N_{FP}$为虚警次数（将自然载体错误判决为隐写载体的次数）；$N_{FN}$为漏检次数（将隐写载体错误判定为自然载体的次数），则有

错误判决次数：

$$N_F = N_{FP} + N_{FN}$$

正确率：

$$R_T = \frac{N_T}{N}$$

虚警率：

$$R_{FP} = \frac{N_{FP}}{N}$$

漏检率：

$$R_{FN} = \frac{N_{FN}}{N}$$

错误率：

$$R_F = \frac{N_F}{N} = R_{FP} + R_{FN}$$

隐写分析要求在尽量减少虚警率和漏检率的前提下取得最佳检测正确率。在虚警率和漏检率无法兼顾的情况下，先减少漏检率。

**2. 适用性**

适用性是指隐写分析算法对不同隐写算法的有效性。适用性可由检测算法能有效地检测多少种和多少类隐写算法来衡量。

**3. 实用性**

实用性是指分析算法可实际推广应用的程度。实用性可由实现条件是否允许、分析结果是否稳定、自动化程度的高低和实时性等进行衡量。其中实时性可用隐写分析算法进行一次隐写分析所用时间来衡量，用时越短则实时性越好。

**4. 复杂度**

复杂度是针对隐写分析算法本身而言的，可由隐写分析算法实现需要的资源开销和软硬件条件来衡量。

到目前为止，没有任何参考文献就隐写分析的这 4 个指标给出一个定量的标准或者度量标准，只能通过不同算法之间的相对比较进行评判。同时这 4 个性能指标之间相互制约。准确性和适用性之间就相互制约，当某一个算法的准确性较高时，这种算法或许只能是针对某一种或者某几种隐写算法，适用性较差。当某一种算法适用性较好时，这种算法的准确性可能就较差。当采用高阶或者更多统计特征进行隐写分析时，算法的复杂度会提高，算法的准确性会增加，但算法的实时性就比较差，算法所需要的资源会越来越多，所占用的时间会越来越长。因此，在比较不同的隐写分析算法时，需要综合考虑这几个指标。

隐写分析算法性能指标与隐写的强度关系密切。算法修改的载体样点越多，检测的难度就越低。

根据统计，在一般的骨干网络上，BMP、JPEG 和 GIF 三种图像格式数据传输占的比重较大，图像隐写分析取得的成果比较多，许多图像隐写分析方法对音频隐写分析有指导作用，甚至有些分析方法对音频隐写也有效，如卡方检测。

但，音频隐写有其固有特点。首先是音频分段，音频隐写算法通常将信号分为若干分段，在每个分段中依次嵌入秘密信息。因此，检测秘密信息时，首先需要确定隐写算法的分段大小。图像隐写算法，通常选择 8×8 的像素块隐藏秘密信息，音频则不同。根据音频的短时平稳特性，音频分段长度一般可在 10～30 ms 之间，隐写算法具体选择多大分段长度，需要在较大的范围内检测。其次是音频值域，图像在时域隐藏秘密信息时，无论是彩色图还是灰度图，像素值都是非负的。音频的常见格式中，除去无符号 8 比特量化精度格式外，其他都是有符号量化值。

图像 LSB 信息隐藏的方法是用嵌入的秘密信息取代载体图像的最低比特位，原来图像的 7 个高位平面与代表秘密信息的最低位平面组成含隐蔽信息的新图像。虽然 LSB 隐写在隐藏大量信息的情况下依然保持良好的视觉隐蔽性，但使用有效的统计分析工具可判断一幅载体图像中是否含有秘密信息。

## 6.4 图像 LSB 隐写的分析方法

目前,图像 LSB 隐写的主要分析方法有卡方分析法、信息量估算法、RS 分析法和 GPC 分析法等。本书介绍卡方分析法。

卡方分析法的原理是:设图像中灰度值为 $j$ 的像素数为 $h_j$,其中 $0 \leqslant j \leqslant 255$。如果载体图像未经隐写,那么 $h_{2i}$ 和 $h_{2i+1}$ 的值会相差得很远。秘密信息在嵌入之前往往经过加密,可以看作是 0、1 随机分布的比特流,而且值为 0 与 1 的可能性都是 1/2。如果秘密信息完全替代载体图像的最低位(也就是说,嵌入率是 100%),那么 $h_{2i}$ 和 $h_{2i+1}$ 的值会比较接近,可以根据这个性质判断图像是否经过隐写。

例如,在测试的灰度图像中所有最低位上嵌入秘密信息,灰度图的每个像素点的像素值在 0~255 之间。

图 6-4 是原始图像 sea 的灰度直方图的局部。以像素值为 30 的像素点为例,像素值为 30 的像素点有将近 6 000 个,像素值为 31 的为 4 000 多,相差得比较远。

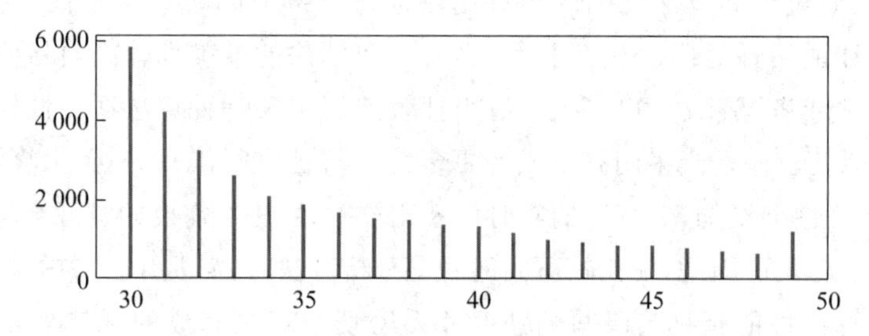


图 6-4 原始图像 sea 的局部灰度直方图

嵌入了秘密信息以后,灰度值为 $2i$ 和 $2i+1$ 的像素出现的频率趋于相等。像素值为 30 和像素值为 31 的像素点的总个数比较接近。其他的像素值的点的个数也比较接近。图 6-5 是隐写图像 sea 的局部灰度直方图。

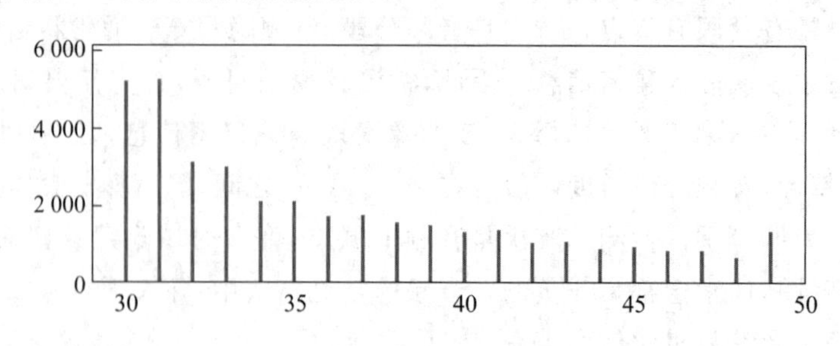


图 6-5 隐写图像 sea 的局部灰度直方图

嵌入的时候,如果秘密信息和嵌入位置灰度值的最低比特位相同,不改变最低比特位。反之,则改变最低有效位。比如,原始像素值为 35,二进制为 00100011,嵌入秘密信息 0,二进制为 00100010,十进制为 34。隐藏秘密信息的时候,像素值转化的时候,一般

是 $2i$ 和 $2i+1$ 之间转换，不存在 $2i$ 和 $2i-1$ 之间转换，也不存在 $2i+1$ 和 $2i+2$ 之间转换。也就是说，只可能在 34 和 35 之间转换，不存在 34 和 33 之间转换，也不存在 35 和 36 之间转换。因为如果原始像素值的最低比特位为 0，那么像素值就是 $2i$，若嵌入秘密信息 1，则最后一位为 1，像素值转为 $2i+1$；如果原始像素值的最低比特位为 1，那么像素值为 $2i+1$，若嵌入秘密信息 1，则像素值不变。如果嵌入秘密信息 0，那么像素值转为 $2i$。

下面分析载体图像最低位完全嵌入秘密信息的情况。随着隐写率的上升，图像中值为 $2i$ 的像素个数 $h_{2i}$ 趋近于值对 $(2i,2i+1)$ 个数总和的一半（记为 $\overline{h}_{2i}=\frac{h_{2i}+h_{2i+1}}{2}$）。对于完全嵌入的隐写图像，$h_{2i}\approx\overline{h}_{2i}$。因此，可以运用假设检验的方法来进行隐写分析。因此，根据卡方检验可知，统计量

$$S=\sum_{i=0}^{d-1}\frac{(h_{2i}-\overline{h}_{2i})^2}{\overline{h}_{2i}}$$

服从自由度为 $d-1$ 的卡方分布。式中 $d$ 表示值对 $(2i,2i+1)$ 的数量。以灰度级为 256 的图像为例，理论上存在 128 个值对。实际上，若值对不够稠密，例如 $h_{2i}\leqslant 4$，那么应该舍弃或合并值对，所以实际值对数 $d$ 可能小于 128。

图像使用 LSB 进行完全嵌入时，直观上，可以看到直方图中值对 $\{(2i,2i+1)\mid i=0,1,\cdots,d-1\}$ 像素出现的频数普遍趋同。数值上，统计量 $S$ 的值很小。因此，可以设定阈值 $\gamma$，若统计量 $S$ 大于阈值 $\gamma$，判定图像为自然图像；若统计量 $S$ 小于或等于阈值 $\gamma$，判定图像为隐写图像。

显然，阈值 $\gamma$ 的设定决定了对应检测器的性能。阈值为 $\gamma$ 的卡方检测器的漏检率，即隐写图像统计量 $S$ 大于 $\gamma$ 的概率可用下式计算：

$$p_{漏检}(\gamma)=\frac{1}{2^{\frac{d-1}{2}}\Gamma\left(\frac{d-1}{2}\right)}\int_{\gamma}^{\infty}\mathrm{e}^{-\frac{x}{2}}x^{\frac{d-1}{2}-1}\,\mathrm{d}x$$

## 6.5 实践案例十：图像 LSB 隐写的卡方分析

图像 LSB 隐写的卡方分析

结合以上所学知识，完成实践案例十，详细步骤可以参考实验指导书 10。

**【学习目标】**

知识：理解隐写分析与信息隐藏的关系，理解图像 LSB 隐写卡方分析。

技能：掌握图像 LSB 隐写的分析方法，依据实验指导书实现图像的 LSB 隐写卡方分析。

**【学习任务单】**

(1) 学习实验指导书 10 中的实验内容。

(2) 按实验指导书完成图像LSB隐写的卡方分析实验,完成图像LSB嵌入并利用卡方分析判断隐写后的图像是否隐藏秘密信息。

(3) 参考实验指导书按照实验作业要求完成实验作业。

(4) 参考实验报告模板完成实验报告。

(5) 按时提交实验报告。

**【学习内容】**

(1) 学习隐写分析原理。

(2) 学习如何将彩色图转为灰度图,如何完成灰度图像LSB嵌入,并比较灰度图进行LSB嵌入前后灰度值直方图变化。

(3) 理解卡方分析,掌握卡方分析函数和对应代码。

(4) 掌握利用卡方分析方法判断图像是否隐藏秘密信息。

## 本章小结

本章主要介绍隐写分析,需要掌握的知识点如下:①隐写分析分类;②隐写分析的3个层次;③隐写分析的评价指标;④图像LSB隐写分析方法;⑤通过实践掌握图像LSB隐写卡方分析方法。

## 课后习题

### 【简答题】

(1) 主动隐写分析的目标是什么?

(2) 隐写分析的3个层次是什么?

(3) 被动隐写分析的评价指标有哪些?

(4) 通用隐写分析算法与专用隐写分析算法的差别是什么?

(5) 灰度图进行LSB嵌入前后灰度值直方图会发生什么变化?为什么?

### 【填空题】

(1) 隐写分析根据隐写分析算法适用性可分为两类:________和________。

(2) 隐写分析是针对图像、视频和音频等多媒体数据,在对________或________一无所知的情况下,仅仅是对________进行检测或者预测。

(3) 根据已知消息,隐写分析可分为:________、________、________、________、________和________。

(4) 根据需要采用的分析方法隐写分析可分3种：________、________和________。

(5) 隐写分析根据最终效果可分为两种：一种是________；另一种是________。

(6) 信息隐藏技术主要有两类：一类是________技术，它主要是利用了在载体________中隐藏秘密信息；另一类是________技术，主要考虑在载体________隐藏信息。

(7) 主动隐写分析的目标是________、________、________和________，主动隐写分析的终极目标是________。

(8) 对于在时域（或空间域）的最低比特位隐藏信息的方法，主要是用________替换了________和________。

(9) 对于时域（或空间域）中的最低有效位隐藏方法，可采用________的方法破坏隐藏信息，还可通过________对伪装对象进行处理。

(10) 被动隐写分析方法的评价指标有：________、________、________和________。

# 第 7 章 实验指导书

## 7.1 实验指导书 1:常用信息隐藏工具

**【实验目的】**

(1) 掌握 S-Tools 软件的使用方法。

(2) 掌握隐藏和提取秘密信息的方法。

**【实验环境】**

(1) Windows 操作系统。

(2) S-Tools 软件。

**【实验任务】**

S-Tools 支持 WAV 格式音频文件隐藏秘密信息,本实验介绍 WAV 格式音频文件信息隐藏的原理和使用方法。

WAV 格式的音频文件在 Windows 中存储为 8 位或 16 位值,8 位样本取值范围介于 0 和 255 之间,16 位样本取值范围介于 0 和 65 535 之间。S-Tools 在 WAV 格式音频文件中隐藏信息时采用最低有效位(Least Significant Bits,LSB)方法,用秘密信息代替载体音频文件的最低有效位。

例如,假设一个音频文件有以下 8 个字节的信息:

132　134　137　141　121　101　74　38

二进制表示为:

10000100　10000110　10001001　10001101　01111001　01100101　01001010　00100110

要隐藏二进制字节 11010101(十进制的 213),采用 LSB 方法进行信息隐藏。隐写后上述顺序将变为:

133　135　136　141　120　101　74　39

二进制表示为:

10000101 10000111 10001000 10001101 01111000 01100101 01001010 00100111

这样，秘密信息就隐藏在载体音频文件中，隐藏秘密信息后的音频文件在听觉效果上和原始文件没有区别。

操作步骤：

(1) 打开 S-Tools 软件，点击“嵌入”按钮，在弹出的窗口中选中载体音频文件，并输入要隐藏的秘密信息。

(2) 点击确定，软件会自动生成含有秘密信息的携密音频文件，并在弹出的窗口中显示携密音频文件所在文件夹位置。

(3) 点击工具中的“提取”按钮，在弹出的窗口中，选中含有秘密信息的携密音频文件。

(4) 点击确定，提取秘密信息完毕后，会在弹出窗口中显示提取所隐藏的秘密信息。

**【实验作业】**

使用 S-Tools 软件嵌入秘密信息并提取秘密信息。

## 7.2 实验指导书 2：音频信号处理基础

**【实验目的】**

(1) 掌握常用的音频信号处理方法。

(2) 掌握基于 Python 的数字音频常用操作方法。

**【实验环境】**

(1) Windows 操作系统。

(2) Python。

**【实验任务】**

(1) 读取音频文件：使用 audioread 库来获取音频文件的关键信息（如音轨、采样率和持续时间）。

(2) 分析音频数据：对音频文件中的样点数据进行处理和分析。

(3) 数据可视化：将音频数据转为波形图，以直观展示音频信号随时间的变化。

参考代码如下。

```
import audioread
import matplotlib.pyplot as plt
import numpy as np
from PIL import Image
filename = "1.wav"
```

```
with audioread.audio_open(filename) as f:
    print(f.channels, f.samplerate, f.duration)
    for buf_i, buf in enumerate(f):
    #设置音频样点读取范围,此处设置为100～120,可自行选取
        if buf_i < 100:
            continue
        data = np.frombuffer(buf, np.int16)
  #函数plt.plot中的range嵌套是为了计算这段data的时间长度,然后将时间对x轴进行覆盖,
再赋到y轴上,从而形成波形图片
        plt.plot(range(buf_i * len(data)//2, (buf_i + 1) * len(data)//2), data[0::2])
        plt.plot(range(buf_i * len(data)//2, (buf_i + 1) * len(data)//2), data[1::2])
        if buf_i > 120:
            break
    #将波形图保存
    # plt.savefig('wave.png')
    # image = Image.open('wave.png')
    # plt.imshow(image)  #  plt.show是展示图像的一种办法
    # plt.axis('off')  #关闭网格线
    #解决题目中文显示乱码问题,添加到代码起始处
    #plt.rcParams['font.sans-serif'] = ['SimHei']
    #plt.rcParams['axes.unicode_minus'] = False
    #plt.title('学号 + 姓名')#在图中以标题的形式嵌入学号和姓名
    plt.show( )
```

至此,本实验任务已完成。

**【实验作业】**

(1) 选取文件夹中的音频“1.wav”,利用Python解码音频,读取并记录音频内容(音轨、采样率、时间等)。

(2) 修改音频样点读取范围为180～200,绘制相应波形图,并在图中嵌入自己的学号和姓名以标识身份。

## 7.3 实验指导书3:图像信号处理基础

**【实验目的】**

(1) 掌握基于Python的数字图像常用操作。

(2) 掌握域转换函数转换图像到频域及逆变换的操作。

**【实验环境】**

(1) Windows操作系统。

(2) Python。

**【实验任务】**

**任务一:准备灰度图像**

选取一幅图片,使用 Python 将其转换为 512×512 的灰度图,保存为 BMP 图像文件,命名为 sea. bmp。

参考代码如下。

```
import cv2
import numpy as np
import matplotlib.pyplot as plt
import matplotlib.image as mpimg
img_c = mpimg.imread('sea.bmp')
#函数 imread 用于读取图像像素,函数返回值为图像像素及其调色板(可选)。参数 cv2.IMREAD_GRAYSCALE 用于将彩色图像像素转换灰度图像像素。
img = cv2.imread('sea.bmp', cv2.IMREAD_GRAYSCALE)
#函数 resize 通过插值的方式改变图片尺寸,dsize 为期望的输出图像大小尺寸,fx 和 fy 分别代表水平和竖直方向上的缩放系数。
img = cv2.resize(img,dsize=(512,512),fx=1,fy=1,interpolation=cv2.INTER_LINEAR)
#函数 imwrite 用于将图像保存为 BMP 文件(格式可选)
cv2.imwrite('sea_gray.bmp',img)
# 解决中文显示问题
plt.rcParams['font.sans-serif'] = ['SimHei']
plt.rcParams['axes.unicode_minus'] = False
plt.subplot(121)
plt.imshow(img_c), plt.title('彩色图'), plt.axis('off')
plt.subplot(122)
plt.imshow(img,'gray'), plt.title('灰度图'), plt.axis('off')
plt.show( )
```

**任务二:使用 Python 处理图像**

对灰度图像进行 DCT 变换,并将部分 DCT 系数置零,然后进行逆变换以重构图像,失真的图像保存为 stego. bmp。

#OpenCV 提供离散余弦变换及逆变换的函数,分别为 dct( )及 idct( ),其操作对象均为 numpy 数组。

参考代码如下。

```
import cv2
import numpy as np
import matplotlib.pyplot as plt
import matplotlib.image as mpimg
img_c = mpimg.imread('sea.bmp')
```

```
img = cv2.imread('sea.bmp', cv2.IMREAD_GRAYSCALE)
img = cv2.resize(img,dsize=(512,512),fx=1,fy=1,interpolation=cv2.INTER_LINEAR)
cv2.imwrite('flag.bmp',img)
height,width = img.shape
img_dct = cv2.dct(np.array(img, np.float32))
for i in range(0,width):
    for j in range(0,height):
# 此处将(300,300)以外的 DCT 系数置零,置零范围可自行选取。
        if i > 300 or j > 300:
            img_dct[i,j] = 0
img_r = np.array(cv2.idct(img_dct), np.uint8)
cv2.imwrite('stego.bmp',img_r)
# 解决中文显示问题
plt.rcParams['font.sans-serif'] = ['SimHei']
plt.rcParams['axes.unicode_minus'] = False
fig = plt.figure('DCT demo', figsize=(4,2))
plt.subplot(131)
plt.imshow(img, 'gray'), plt.title('灰度图'), plt.axis('off')
plt.subplot(132)
plt.imshow(np.array(img_dct, np.uint8), cmap='hot'), plt.title('DCT 系数'), plt.axis('off')
plt.subplot(133)
plt.imshow(img_r, 'gray'), plt.title('重构图片'), plt.axis('off')
plt.tight_layout()
plt.show()
```

从样例图运行效果可以看出变换后 DCT 系数能量主要集中在左上角,并且可见逆 IDCT 转换后的重构图片较模糊。

**任务三:计算原始图像与隐写图像的峰值信噪比**

峰值信噪比 PSNR 常用对数分贝单位来表示,计算 PSNR 要先知道 MSE(均方误差)的计算。两个 $m \times n$ 单色图像 $I$ 和 $K$,如果一个为另外一个的噪声近似,那么它们的均方误差定义为:

$$\mathrm{MSE} = \frac{1}{mn}\sum_{i=0}^{m-1}\sum_{j=0}^{n-1}[I(i,j) - K(i,j)]^2$$

PSNR 就是通过 MSE 得出来的,其中,MAXI 是表示图像点颜色的最大数值,如果每个采样点用 8 位表示,那么就是 255。公式如下:

$$\mathrm{PSNR} = 10 \cdot \lg\left(\frac{\mathrm{MAX}_I^2}{\mathrm{MSE}}\right) = 20 \cdot \lg\left(\frac{\mathrm{MAX}_I}{\sqrt{\mathrm{MSE}}}\right)$$

因此,MSE 越小,则 PSNR 越大,代表着图像质量越好。

参考代码如下。

```
import math
import numpy as np
import cv2
def psnr(img1, img2):
    img1 = np.float64(img1)
    img2 = np.float64(img2)
    mse = np.mean((img1 / 1.0 - img2 / 1.0) ** 2)
    if mse < 1.0e-10:
        return 100
    PIXEL_MAX = 255.0
    return 20 * math.log10(PIXEL_MAX / math.sqrt(mse))
original = cv2.imread('flag.bmp')
contrast = cv2.imread('stego.bmp')
res = psnr(original, contrast)
print('%.3f'%res)#输出小数位为3的浮点数
```

实验结果为：

```
27.837
```

至此，本实验任务已完成。

**【实验作业】**

(1) 选取文件夹中图片“sea.bmp”，将其转换为512×512的灰度图，保存为BMP图像文件，命名为“flag.bmp”。

(2) 使用Python处理图像，将(300,300)范围以外的DCT系数置零后重构图像，有失真的图像保存为“stego.bmp”。

(3) 绘制出原始图像和失真图像(图中需嵌入自己的学号和姓名以标识身份)，并记录其峰值信噪比。

(4) 实验思考：修改系数时，如果选取的位置或数量不同，那么峰值信噪比是否相同？为什么(建议结合实际数据分析)？本要求作为实验思考，无须写入实验报告，供学有余力的同学课外思考完成。

## 7.4　实验指导书4:LSB音频信息隐藏

**【实验目的】**

(1) 掌握利用WAV格式音频文件实现LSB信息隐藏。

(2) 掌握一种基于WAV文件的LSB信息隐藏算法，利用NC对嵌入的水印图像和提取的图像水印进行比较。

**【实验环境】**

(1) Windows操作系统。

(2) Python。

(3) WAV音频文件和二值水印图像文件。

**【实验任务】**

**任务一:随机水印隐藏**

在音频文件中隐藏随机生成的水印信息。

参考代码如下。

```
# 导入WAV音频文件处理库
import wave
# 导入数学计算库
import numpy as np
# 导入绘图库
import matplotlib.pyplot as plt
# 读取载体音频
wav = wave.open('1.wav','rb')
nchannels, sampwidth, framerate, nframes, comptype, compname = wav.getparams()
time = nframes / framerate
# 以字节方式读取载体音频的数据
frames = wav.readframes(nframes)
# 产生随机的80比特长的水印数据
wm_random = np.random.randint(0, 2, 80)
print(f'Random Array: {wm_random}')
wav_embedded = wave.open('embedded.wav','wb')
wav_embedded.setparams(wav.getparams())
# 将字节数据转换为numpy数组
data = np.frombuffer(frames, dtype=np.uint8)
# LSB嵌入水印
data_embedded = data.copy()
for i in range(len(wm_random)):
    data_embedded[i] -= data_embedded[i] % 2
    data_embedded[i] += wm_random[i]
# 下面是两种可供实验的次低有效位嵌入水印方法
# 次低有效位嵌入水印方法一
# data_embedded = data.copy()
# for i in range(len(wm_random)):
# data_embedded[i]-=data_embedded[i]%4-data_embedded[i]%2
# data_embedded[i]+=wm_random[i] * 2
# 次低有效位嵌入水印方法二
# data_embedded = data.copy()
# for i in range(len(wm_random)):
```

```
# bit = 1
# data_embedded[i] &= ~(1 << bit)
# data_embedded[i] |= wm_random[i] << bit
# 写入音频数据
wav_embedded.writeframes(data_embedded)
# 解决中文显示问题
plt.rcParams['font.sans-serif'] = ['SimHei']
plt.rcParams['axes.unicode_minus'] = False
# 展示原音频和携密音频的波形
plt.figure(figsize=(14, 6))
plt.subplot(121)
plt.plot(data)
plt.title('原始音频')
plt.xticks([]), plt.yticks([])
plt.subplot(122)
plt.plot(data_embedded)
plt.title('携密音频')
plt.xticks([]), plt.yticks([])
plt.show()
```

实验结果如图 7-1 所示。

完成 LSB 嵌入之后,首先对 LSB 嵌入前后的音频文件进行听觉上的区分,二者靠人耳听不出任何差别。图 7-1 是原始音频波形图和携密音频波形图,从这两幅图的对比中可以看出,LSB 信息隐藏后,对原始音频的波形影响也非常小,几乎看不出任何差别。LSB 隐藏的音频透明性非常好。

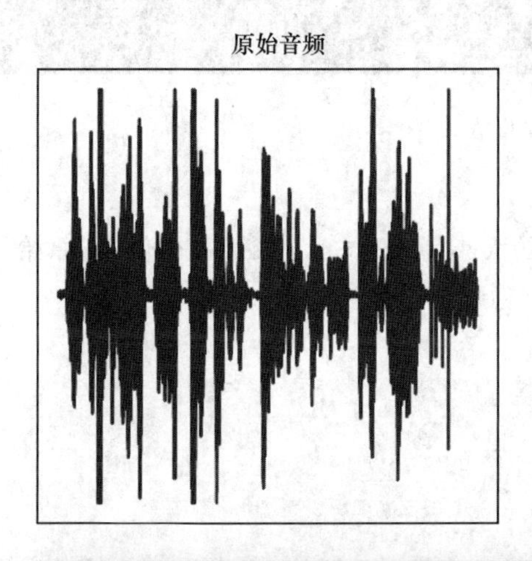


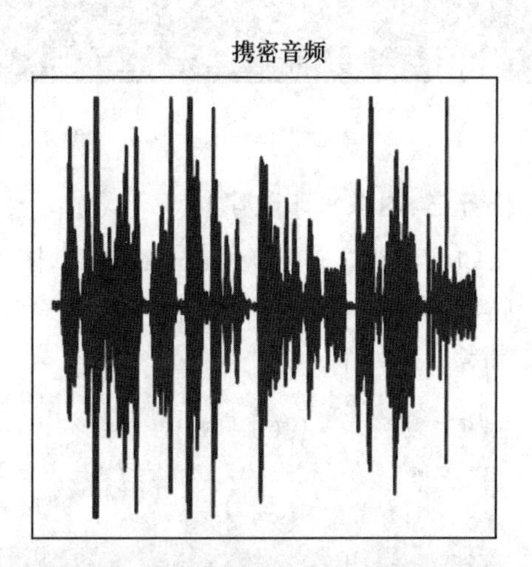


```
Random Array: [0 1 1 0 1 0 0 0 1 1 0 1 1 0 1 1 0 0 1 1 1 1 0 1 0 1 0 1 1 1 0 0 1 1 1 1 0
 0 1 0 0 0 0 1 0 1 0 0 0 1 0 1 0 0 1 1 0 0 1 1 0 1 1 0 1 0 1 1 1 0 0 1 0 0
 1 1 1 1 1 1]
```

图 7-1 原始音频波形图和携密音频波形图

**任务二:随机水印提取**

从经过 LSB 嵌入水印的音频中提取隐藏的随机水印。

参考代码如下。

```
# 导入 WAV 音频文件处理库
import wave
# 导入数学计算库
import numpy as np
# 读取携密音频
wav = wave.open('embedded.wav', 'rb')
nchannels, sampwidth, framerate, nframes, comptype, compname = wav.getparams()
time = nframes / framerate
# 以字节方式读取携密音频的数据
frames = wav.readframes(nframes)
# 将字节数据转换为 numpy 数组
data = np.frombuffer(frames, dtype='i' + str(sampwidth))
# 针对 LSB 嵌入水印算法的提取水印方法,提取前 80 比特
wm = np.zeros(80, dtype='i' + str(sampwidth))
for i in range(len(wm)):
    wm[i] = data[i] % 2
print(f'Random Array: {wm}')
```

实验结果如图 7-2 所示。

```
Random Array: [0 1 1 0 1 0 0 0 1 1 0 1 1 0 1 1 0 0 1 1 1 1 0 1 0 1 0 1 1 1 0 0 1 1 1 1 0
 0 1 0 0 0 0 1 0 1 0 0 0 1 0 1 0 0 1 1 0 0 1 1 0 1 1 0 1 0 1 1 1 0 0 1 0 0
 1 1 1 1 1 1]
```

图 7-2 实验结果

**任务三:图像水印隐藏**

水印信息为二值图像 bupt64.bmp,图像的大小为 64×64,共 4 096 个像素,原始载体是音频,从音频中截取 4 096 个字节,每个字节隐藏 1 bit。

参考代码如下。

```
# 导入 WAV 音频文件处理库
import wave
# 导入图像处理库
import cv2
# 导入数学计算库
import numpy as np
# 导入绘图库
```

```
import matplotlib.pyplot as plt
# 读取载体音频
wav = wave.open('1.wav','rb')
nchannels, sampwidth, framerate, nframes, comptype, compname = wav.getparams( )
time = nframes / framerate
# 以字节方式读取载体音频的数据
frames = wav.readframes(nframes)
# 以灰度图模式读取水印图像
wm = cv2.imread('bupt64.bmp', cv2.IMREAD_GRAYSCALE)
# 从二维矩阵转为一维并二值化
wm = wm.flatten( ) > 128
wav_embedded = wave.open('embedded.wav','wb')
wav_embedded.setparams(wav.getparams( ))
# 将字节数据转换为 numpy 数组
data = np.frombuffer(frames, dtype = np.uint8)
# LSB 嵌入水印
data_embedded = data.copy( )
for i in range(len(wm)):
    data_embedded[i] -= data_embedded[i] % 2
    data_embedded[i] += wm[i]
# 写入音频数据
wav_embedded.writeframes(data_embedded)
# 解决中文显示问题
plt.rcParams['font.sans-serif'] = ['SimHei']
plt.rcParams['axes.unicode_minus'] = False
# 展示原音频和携密音频的波形
plt.figure(figsize = (14, 6))
plt.subplot(121)
plt.plot(data)
plt.title('原始音频')
plt.xticks([ ]), plt.yticks([ ])
plt.subplot(122)
plt.plot(data_embedded)
plt.title('携密音频')
plt.xticks([ ]), plt.yticks([ ])
plt.show( )
```

实验结果如图 7-3 所示。

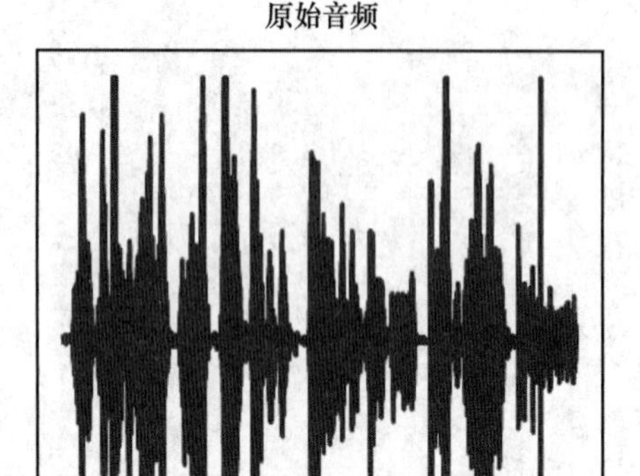


图 7-3　原始音频和携密音频

**任务四:图像水印提取**

在实践过程中,含有水印信息的音频信号从编码到解码之间可能有很多传播途径,主要有以下的 4 种方式。

(1) 第一种方式是声音文件从一台机器复制到另外一台机器,其中没有任何形式的改变。编码方和解码方的采样率完全相同。

(2) 第二种方式是信号仍然保持数字的形式,但是采样率发生变化。这一变化保持大多数信号的幅值和相位值,但是改变了信号的时域特征。

(3) 第三种方式是信号被转换成模拟形式,通过模拟形式传送,在终端被重新采样。在此过程中信号的幅值、量化方式和时域采样都得不到保持,在这种情况下信号的相位值可以得到保持。

(4) 第四种方式是信号在空气中传播,经过麦克重采样。此时信号受到未知的非线性改变,会导致相位变化、幅值变化、不同频率成分的漂移和产生回声等。

当某一段音频文件嵌入水印后以某种方式传播,到达终端时会发生一些变化。提取水印后和原始水印进行比较,采用余弦相似度计算提取的水印信息和原始水印信息之间的差别。

**任务五:计算余弦相似度**

图像水印提取后和原始水印进行余弦相似度比较。在本例中,携密音频未发生任何变化,也就是说未对携密音频进行任何形式的攻击。因此提取出来的水印信息和原始的水印信息完全相同,余弦相似度的值为 1,余弦相似度的值越大,提取的水印图像和嵌入的水印图像变化越小。

余弦相似度 NC 值计算参考代码如下。

```
def NC(template, img):
    template = template.astype(np.uint8)
    img = img.astype(np.uint8)
    return cv2.matchTemplate(img, template, cv2.TM_CCORR_NORMED)[0][0]
# 导入 WAV 音频文件处理库
import wave
# 导入图像处理库
import cv2
# 导入数学计算库
import numpy as np
# 导入绘图库
import matplotlib.pyplot as plt
# 计算 NC 值的函数
def NC(template, img):
    template = template.astype(np.uint8)
    img = img.astype(np.uint8)
    return cv2.matchTemplate(img, template, cv2.TM_CCORR_NORMED)[0][0]
# 设置水印图像的宽高
wm_height = 64
wm_width = 64
# 读取携密音频
wav = wave.open('embedded.wav', 'rb')
nchannels, sampwidth, framerate, nframes, comptype, compname = wav.getparams( )
time = nframes / framerate
# 以字节方式读取携密音频的数据
frames = wav.readframes(nframes)
# 将字节数据转换为 numpy 数组
data = np.frombuffer(frames, dtype = np.uint8)
# LSB 提取水印
wm = np.zeros(wm_height * wm_width, dtype = np.uint8)
for i in range(len(wm)):
    wm[i] = data[i] % 2 * 255
# 从一维转为二维矩阵
wm = np.reshape(wm, (wm_height, wm_width))
# 以灰度图模式读取水印图像
wm_original = cv2.imread('bupt64.bmp', cv2.IMREAD_GRAYSCALE)
# 计算 NC 值
nc = NC(wm_original, wm)
print(f'NC = {nc * 100} %')
# 保存提取出的水印图像
cv2.imwrite('wm.bmp', wm)
```

```
# 解决中文显示问题
plt.rcParams['font.sans-serif'] = ['SimHei']
plt.rcParams['axes.unicode_minus'] = False
# 展示携密音频、原始水印图像和提取出的水印图像
plt.figure(figsize=(15, 6))
plt.subplot(131)
plt.plot(data)
plt.title('携密音频')
plt.xticks([ ]), plt.yticks([ ])
plt.subplot(132)
plt.imshow(wm_original,'gray')
plt.title('原始水印图像')
plt.xticks([ ]), plt.yticks([ ])
plt.subplot(133)
plt.imshow(wm,'gray')
plt.title('提取水印图像')
plt.xticks([ ]), plt.yticks([ ])
plt.show( )
```

实验结果如图 7-4 所示。

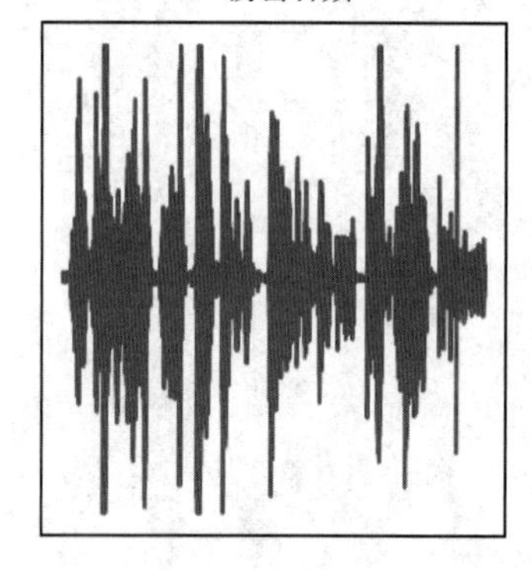


原始水印图像

提取水印图像

NC=100.0%

图 7-4　实验结果

至此，本实验任务已完成。

**【实验作业】**

(1) 利用载体音频 1.wav 隐藏嵌入秘密信息 bupt64.bmp 图像，采取次低有效位嵌入，不是在最低有效位嵌入，而是在倒数第二有效位嵌入。

(2) 在一行两列中输出原始音频和携密音频的波形图，并在图中嵌入自己的学号和姓名以标识身份。

(3) 在没有任何攻击的情况下，从嵌入秘密信息后的音频中提取水印图像，在一行两列中输出原始图像水印和提取的水印图像。比较原始水印图像和提取水印图像的 NC 的值，这个 NC 的值应为 1。NC 的值用百分比，取小数点后两位。

(4) 撰写实验报告,并提交实验报告。

## 7.5　实验指导书5:MP3音频信息隐藏

**【实验目的】**

掌握MP3Stego软件的使用方法。

**【实验环境】**

(1) Windows操作系统。

(2) MP3Stego软件。

(3) MP3格式音频文件。

**【实验任务】**

(1) 把要隐藏的数据文件和要压缩的WAV文件这两个文件放入与encode.exe和decode.exe同一个文件夹下。均需要说明文件的名称是什么。比如,载体文件的名称为s1.wav,秘密信息为hidden_txt.txt文件,携密后的MP3文件为s1.mp3等。

(2) 打开DOS界面。

(3) 使用命令行让WAV音频在编码转成MP3格式的同时嵌入秘密信息,如图7-5所示。

命令格式为:encode －E 密文名称 载体名称 携密文件名称

嵌入过程中需要输入密钥,密钥用于加密秘密信息。

```
C:\Users\windows\Desktop\mp3stegno\MP3Stego_1_1_17\Development\MP3Stego>encode -E t.txt s1.wav s1.mp3
MP3StegoEncoder 1.1.17
See README file for copyright info
Microsoft RIFF, WAVE audio, PCM, mono 32000Hz 16bit, Length:  0: 0:32
MPEG-1 layer III, mono  Psychoacoustic Model: AT&T
Bitrate=128 kbps  De-emphasis: none  CRC: off
Encoding "s1.wav" to "s1.mp3"
Hiding "t.txt"
Enter a passphrase: ******
Confirm your passphrase: ******
[Frame    899 of    899] (100.00%) Finished in  0: 0:22
```

图7-5　嵌入秘密信息

嵌入过程完成后生成s1.mp3,试听后在效果上和s1.wav没有差别。

(4) 解码的同时提取秘密信息,如图7-6所示。

命令格式为:decode －X 携密文件名称

```
C:\Users\windows\Desktop\mp3stegno\MP3Stego_1_1_17\Development\MP3Stego>decode -X s1.mp3
MP3StegoEncoder 1.1.17
See README file for copyright info
Input file = 's1.mp3'  output file = 's1.mp3.pcm'
Will attempt to extract hidden information. Output: s1.mp3.txt
Enter a passphrase: ******
Confirm your passphrase: ******
the bit stream file s1.mp3 is a BINARY file
HDR: s=FFF, id=1, l=3, ep=off, br=9, sf=2, pd=0, pr=0, m=3, js=0, c=0, o=0, e=0
alg.=MPEG-1, layer=III, tot bitrate=128, sfrq=32.0
mode=single-ch, sblim=32, jsbd=32, ch=1
[Frame  899]Avg slots/frame = 575.362; b/smp = 4.00; br = 127.858 kbps
Decoding of "s1.mp3" is finished
The decoded PCM output file name is "s1.mp3.pcm"
```

图7-6　提取秘密信息

解码完成后,生成 s1.mp3.pcm 文件以及 s1.mp3.txt 文件,打开文件 s1.mp3.txt,得到的秘密信息和隐藏的秘密信息完全相同。

至此,本实验任务已完成。

**【实验作业】**

(1) 使用 MP3Stego 工具隐藏并提取秘密信息。

(2) 使用 MP3 播放工具播放隐藏后的携密音频文件,从听觉效果上和原始载体进行比较。

## 7.6 实验指导书6:二值图像信息隐藏

**【实验目的】**

(1) 掌握基于二值图像的信息隐藏原理。

(2) 掌握基于二值图像的信息隐藏方法。

**【实验环境】**

(1) Windows 操作系统。

(2) Python。

(3) 二值图像文件。

**【实验任务】**

**任务一:隐藏信息**

参考代码如下。

```
import cv2
import numpy as np
def str2bit(s):
    return [int(bit) for char in s for bit in format(char, '08b')]
# Read hidden message
with open('hidden.txt','rb') as msgfid:
    msg = msgfid.read( )
msg = str2bit(msg)
count = len(msg)
# Read input image
io = cv2.imread('hunter.bmp', cv2.IMREAD_GRAYSCALE)
watermarklen = count
row, col = io.shape
l1 = row // watermarklen
l2 = col // watermarklen
pixelcount = l1 * l2
```

```
percent = np.ceil(pixelcount / 2)
iw = io.copy()
ioblack = np.zeros(watermarklen, dtype=np.int)
iowhite = np.zeros(watermarklen, dtype=np.int)
for n in range(watermarklen):
    block = io[n * l1:(n + 1) * l1, n * l2:(n + 1) * l2]
    ioblack[n] = np.sum(block == 0)
    iowhite[n] = np.sum(block == 255)
    if msg[n] == 1:
        if ioblack[n] >= percent:
            modcount = int(ioblack[n] - percent + 1)
            indices = np.argwhere(block == 0)
            for idx in indices[:modcount]:
                iw[n * l1 + idx[0], n * l2 + idx[1]] = 255
    else:
        if iowhite[n] >= percent:
            modcount = int(iowhite[n] - percent + 1)
            indices = np.argwhere(block == 255)
            for idx in indices[:modcount]:
                iw[n * l1 + idx[0], n * l2 + idx[1]] = 0
# Save the result and show the images
cv2.imshow('Original Image', io)
cv2.imwrite('huntermarked_python.bmp', iw)
cv2.imshow('Watermarked Image', iw)
cv2.waitKey(0)
cv2.destroyAllWindows()
```

**任务二:提取信息**

提取秘密信息时,提取方需知道隐藏的秘密信息的数量,使用隐藏的秘密信息的数量值来对载体图像进行分块。

参考代码如下。

```
import cv2
import numpy as np
def bits_to_bytes(bits):
    """Convert a list of bits to a list of bytes."""
    bytes_list = []
    for i in range(0, len(bits), 8):
        byte = bits[i:i+8]
        bytes_list.append(int(''.join([str(bit) for bit in byte]), 2))
    return bytes(bytes_list)
```

```
# Read watermarked image
iw = cv2.imread('huntermarked.bmp', cv2.IMREAD_GRAYSCALE)
row, col = iw.shape
# Assuming you know the watermark length as you had during embedding
watermarklen = 80  # use the length of the original message
l1 = row // watermarklen
l2 = col // watermarklen
pixelcount = l1 * l2
percent = np.ceil(pixelcount / 2)
extracted_bits = [ ]
for n in range(watermarklen):
    block = iw[n * l1:(n + 1) * l1, n * l2:(n + 1) * l2]
    iwblack = np.sum(block == 0)
    iwwhite = np.sum(block == 255)
    # Decide the extracted bit based on pixel counts
    if iwblack > iwwhite:
        extracted_bits.append(0)
    else:
        extracted_bits.append(1)
# Convert bits to bytes
extracted_msg_bytes = bits_to_bytes(extracted_bits)
print(extracted_msg_bytes)
# Save the extracted message in binary format
with open('extracted_hidden.txt', 'wb') as f:
        f.write(extracted_msg_bytes)
```

至此,本实验任务已完成。

从上述代码运行的结果来看,携密载体在视觉效果上和原始载体有很大变化,通过不断修改 hidden.txt 文本的值来增加隐藏的信息容量。隐藏的信息越多,图像的分块就越细,隐藏的效果就越好。

但是上述方案中修改像素的位置非常固定,都是修改每个图像块的所有行前面的像素,这样隐藏信息后的图像在视觉效果上和原始图像存在较大差别,违背了信息隐藏不改变视觉效果这条最重要的原则,这个算法还有很大改进空间。

**【实验作业】**

(1) 将二值图像分块。

(2) 根据二值图像中黑白像素的数量的比较来隐藏秘密信息。

(3) 通过隐藏秘密信息的数量值来对载体图像进行分块,从携密载体中提取秘密信息。

## 7.7　实验指导书7:BMP图像的LSB信息隐藏

**【实验目的】**

(1) 掌握图像LSB隐藏秘密信息的方法。

(2) 掌握利用图像最低有效位完成信息隐藏。

**【实验环境】**

(1) Windows操作系统。

(2) 图像文件sea.bmp。

**【实验任务】**

(1) 选取一幅RGB图片,思考的问题是:RGB彩色图像有R,G和B 3个颜色通道,LSB选取其中的一个通道隐藏,因此首先提取3个颜色通道,输出3个颜色通道的图,分别命名为R,G和B。

(2) 每个颜色通道都有8个位平面,输出R通道的1～8位平面。

(3) 对其使用LSB隐藏秘密信息,对比隐写前后的图像,一行两列输出。注意:图片须为RGB格式。提取隐藏的LSB隐写信息,对比原信息,判断是否提取成功。

(4) 计算原始载体和隐藏秘密信息后载体图像的峰值信噪比。

参考代码如下。

**任务一:LSB隐写信息**

```
from PIL import Image
import matplotlib.pyplot as plt
import matplotlib.image as mpimg

def get_msg(msg):
    return msg.zfill(8)
def generate(msg): #将信息转置为二进制。
result = ''
    for i in msg:
        if isinstance(i,int):
            result += get_msg(bin(i)).replace('0b','')
        else:
            result += get_msg(bin(ord(i)).replace('0b',''))
    return result

img = Image.open('sea.bmp')
tmp_msg = 'informationhiding'
```

```
hide_msg = generate(tmp_msg)
width,height = img.size
length = len(hide_msg)
tmp = ''
tmp2 = ''
count = 0 # 将信息隐藏到其最低位。
for i in range(0,width):
    if count == length:
        break
    for j in range(0,height):
        pixels = img.getpixel((i,j))
        a,b,c = pixels
        if count == length:
            break
        tmp += str(a % 2)
        a -= a % 2 + int(hide_msg[count])
        tmp2 += str(a % 2)
        count += 1
        if count == length:
            img.putpixel((i, j), (a,b,c))
            break
        tmp += str(b % 2)
        b -= b % 2 + int(hide_msg[count])
        tmp2 += str(b % 2)
        count += 1
        if count == length:
            img.putpixel((i, j), (a, b, c))
            break
        tmp += str(c % 2)
        c -= c % 2 + int(hide_msg[count])
        tmp2 += str(c % 2)
        count += 1
        if count == length:
            img.putpixel((i, j), (a, b, c))
            break
        if count % 3 == 0:
            img.putpixel((i, j), (a, b, c))
img.save('encode.bmp')
plt.subplot(121)
plt.imshow(mpimg.imread('sea.bmp')), plt.title('Original'), plt.axis('off')
plt.subplot(122)
```

```
plt.imshow(mpimg.imread('encode.bmp')), plt.title('Encoded'), plt.axis('off')
plt.show( )
```

**任务二：LSB 提取信息**

```
from PIL import Image
from encode import tmp_msg
img = Image.open('encode.bmp')
width,height = img.size
count = 0
result = ''
result1 = ''
length = len(tmp_msg) * 8
for i in range(0,width):
    if count == length:
        break
    for j in range(0,height):
        pixel = img.getpixel((i,j))
        if count ==  length:
            break
        if count % 3 == 0:
            count += 1
            result1 += str(int(pixel[0]) % 2)
            if count == length:
                break
        if count % 3 == 1:
            count += 1
            result1 += str(int(pixel[1]) % 2)
            if count == length:
                break
        if count % 3 == 2:
            count += 1
            result1 += str(int(pixel[2]) % 2)
            if count == length:
                break
        if count == length:
            break
print("Secret:" + result1)
for i in range(0,len(result1),8):
    result += chr(int(result1[i:i + 8],2))

print(result)
```

实验结果如下：

```
Secret:01000010010101010101000001010100
BUPT
```

至此,本实验任务已完成。

**【实验作业】**

(1) 选取文件夹中的图片“sea. bmp”,对其使用 LSB 隐写技术隐藏秘密信息“BUPT”,对比隐写前后的图像,在屏幕中一行两列输出。要求:左边是原始图像,右边是携密图像,同时在图中嵌入自己的学号和姓名以标识身份。注意:图片须为 RGB 格式。

(2) 提取隐藏的 LSB 隐写信息,对比原信息,判断是否提取成功。

(3) 计算原始载体和隐藏秘密信息后的图像的峰值信噪比。

(4) 实验思考 1:对 graysea. bmp 使用 LSB 隐写技术隐藏秘密信息“BUPT”,隐写后的灰度图为 graystego. bmp,对比隐写前后的图像,在屏幕中一行两列输出。注意:隐写的载体为灰度图。本要求作为实验思考,无须写入实验报告,供学有余力的同学课外思考完成。

(5) 实验思考 2:选取文件夹中的图片“sea. bmp”,将彩色图转成灰度图 graysea. bmp,灰度图的每个像素点的值的取值范围为 0~255。提取 graysea. bmp 灰度图的最低位平面、次低位平面、第三位平面、第四位平面、第五位平面、第六位平面、第七位平面、第八位平面,将这 8 幅图像分为两行四列显示。本要求作为实验思考,无须写入实验报告,供学有余力的同学课外思考完成。

## 7.8 实验指导书 8:DCT 域的图像水印

**【实验目的】**

(1) 掌握基于 DCT 系数关系的图像水印算法原理。

(2) 掌握水印图像的余弦相似度的计算方法,并对携密图像进行攻击,提取攻击后的水印二值图像,计算余弦相似度的值。

**【实验环境】**

(1) Windows 操作系统。

(2) Python3 环境。

(3) Python 的 opencv-python、numpy、matplotlib、pycrypto 库。

(4) 原始载体图像文件和二值水印图像文件。

备注:pycryptodome 是 pycrypto 的延伸版本,crypto 、pycrypto 和 pycryptodome 相同。如果 pycrypto 库安装失败,那么打开 cmd 直接安装 pip install pycryptodome。

如果安装过的旧版本报错,那么用如下方法解决:

pip install crypto pycryptodome

pip uninstall crypto pycryptodome

pip install pycryptodome

**【实验任务】**

细节：对原始图像进行分块，分块时采用行优先分块，行优先分块代码如图 7-7 所示。

对图 7-7 所示的 4×4 的二维数组，做 2×2 分块后，结果为一个 4×2×2 的 array，如图 7-8 所示。

```
test_img = np.array([
    [1, 1, 2, 2],
    [1, 1, 2, 2],
    [3, 3, 4, 4],
    [3, 3, 4, 4],
])
blocks = img_to_blocks(test_img, (2, 2))
```

图 7-7　行优先分块

```
[[[1. 1.]
  [1. 1.]]

 [[2. 2.]
  [2. 2.]]

 [[3. 3.]
  [3. 3.]]

 [[4. 4.]
  [4. 4.]]]
```

图 7-8　数组示例

**任务一：嵌入文本水印信息**

参考代码如下。

```
#导入图像处理库
import cv2
#导入数学计算库
import numpy as np
#导入绘图库
import matplotlib.pyplot as plt
#从密码库导入数字转字节的函数
from Crypto.Util.number import bytes_to_long
#从 block.py 导入图像分块的函数、分块合并的函数
from block import img_to_blocks, blocks_to_img
#每个分块的大小为(8,8)
block_shape = (8, 8)
alpha = 2
#打开秘密文件,读入秘密信息
f = open('hidden.txt','rb')
msg = f.read( )
f.close( )
#将秘密信息从字节转为二进制
msg_bits = bin(bytes_to_long(msg))[2:].zfill(len(msg) * 8)
#读取载体图像
img = cv2.imread('sea.bmp')
```

```
    height, width = img.shape[:2]
    # 检查秘密信息数据是否大于载体图像的最大可容纳量
    assert (height * width) // (block_shape[0] * block_shape[1]) >= len(msg_bits)
    # 取图像的红色通道来隐藏
    img_b, img_g, img_r = cv2.split(img)
    # 对图像进行分块
    img_r_blocks = img_to_blocks(img_r, block_shape)
    # 信息嵌入
    img_r_blocks_embedded = img_r_blocks.copy()
    for i in range(len(msg_bits)):
        block = img_r_blocks[i]
        # 对图像分块进行 DCT 变换
        block_dct = cv2.dct(block)
        block_dct_embedded = block_dct.copy()
        # 选择(4,1)和(3,2)这一对系数
        if msg_bits[i] == '0' and block_dct_embedded[4][1] <= block_dct_embedded[3][2]:
            block_dct_embedded[4][1], block_dct_embedded[3][2] = block_dct_embedded[3][2],
block_dct_embedded[4][1]
            # 将原本小的系数调整得更小,使得系数差别变大
            block_dct_embedded[3][2] -= alpha
        elif msg_bits[i] == '1' and block_dct_embedded[4][1] >= block_dct_embedded[3][2]:
            block_dct_embedded[4][1], block_dct_embedded[3][2] = block_dct_embedded[3][2],
block_dct_embedded[4][1]
            # 将原本小的系数调整得更小,使得系数差别变大
            block_dct_embedded[4][1] -= alpha
        # 对图像分块进行 DCT 逆变换
        block_embedded = cv2.idct(block_dct_embedded)
        img_r_blocks_embedded[i] = block_embedded
    # 将分块合并为完整的图像红色通道
    img_r_embedded = blocks_to_img(img_r_blocks_embedded, img.shape[:2])
    # 与图像的绿色、蓝色通道合并
    img_embedded = cv2.merge([img_b, img_g, img_r_embedded.astype(np.uint8)])
    # 保存嵌入水印的载体图像
    cv2.imwrite('embedded.bmp', img_embedded)
    # 解决中文显示问题
    plt.rcParams['font.sans-serif'] = ['SimHei']
    plt.rcParams['axes.unicode_minus'] = False
    # 展示原图像和嵌入图像
    plt.figure(figsize=(10, 6))
    plt.subplot(121)
    plt.imshow(cv2.cvtColor(img, cv2.COLOR_BGR2RGB))
```

```
plt.title('原始图像')
plt.xticks([ ]), plt.yticks([ ])
plt.subplot(122)
plt.imshow(cv2.cvtColor(img_embedded, cv2.COLOR_BGR2RGB))
plt.title('携密图像')
plt.xticks([ ]), plt.yticks([ ])
plt.show( )
```

**任务二：提取文本秘密信息**

参考代码如下。

```
#导入图像处理库
import cv2
#从密码库导入数字转字节的函数
from Crypto.Util.number import long_to_bytes
#从block.py导入图像分块的函数
from block import img_to_blocks
#每个分块的大小为(8,8)
block_shape = (8, 8)
#读取携密图像
img = cv2.imread('embedded.bmp')
height, width = img.shape[:2]
#取图像的一层来提取
img_b, img_g, img_r = cv2.split(img)
#对图像进行分块
img_r_blocks = img_to_blocks(img_r, block_shape)
msg_bits = ''
#信息提取,80为秘密信息的比特数
for i in range(80):
    block = img_r_blocks[i]
    #对图像分块进行DCT变换
    dct_block = cv2.dct(block)
    if dct_block[4][1] < dct_block[3][2]:
        msg_bits += '1'
    else:
        msg_bits += '0'
#将秘密信息从二进制转为字节
msg = long_to_bytes(int(msg_bits, 2))
print(msg)
#保存提取出的秘密信息
f = open('message.txt', 'wb')
f.write(msg)
f.close( )
```

实验结果如下:

b'1234567'

**任务三:嵌入二值图像水印信息**

需要注意的问题:将二维水印嵌入载体前,需要先将二维水印一维化,再将其二值化。

(1) 一维化过程采用行优先方法,即第一行放在前面,第二行跟在第一行后面,第三行跟在第二行后面,……依以此类推(可使用 numpy 的. flatten( )方法)。

(2) 对于灰度图像,每个像素点都有一个值在 0 到 255 之间。在此范围中,0 代表黑色,255 代表白色。灰度值之间的其他值则表示从黑到白的各种灰色。当进行二值化操作时,我们设置一个阈值,通常为 128。这意味着小于此阈值的像素值将被视为黑色(值为 0),而大于或等于此阈值的值将被视为白色(值为 1)。这样做有以下优点:第一是可以节省存储空间,原本需要 8 位(从 0 到 255)来表示每个像素的灰度值,而现在只需要 1 位(0 或 1)来表示该像素是黑还是白;第二是可以简化数据表示,将复杂的灰度图像转换为只包含黑白信息的图像,使得进一步处理变得更简单,尤其是在一些特定的图像处理任务中。

上述过程可以通过 wm=wm. flatten( ) > 128 执行,其中 wm 是 cv2. imread 读取的图像。

参考代码如下。

```
#导入图像处理库
import cv2
#导入数学计算库
import numpy as np
#导入绘图库
import matplotlib.pyplot as plt
#从 block.py 导入图像分块的函数、分块合并的函数
from block import img_to_blocks, blocks_to_img
#计算峰值信噪比的函数
def PSNR(template, img):
    mse = np.mean((template / 255. - img / 255.) ** 2)
    if mse < 1.0e-10:
        return 100
    PIXEL_MAX = 1
    return 20 * np.log10(PIXEL_MAX / np.sqrt(mse))
#每个分块的大小为(8,8)
block_shape = (8, 8)
alpha = 2
#以灰度图模式读取水印图像
wm = cv2.imread('watermark.bmp', cv2.IMREAD_GRAYSCALE)
#从二维矩阵转为一维并二值化
wm = wm.flatten( ) > 128
```

```
    #读取载体图像
    img = cv2.imread('sea.bmp')
    height, width = img.shape[:2]
    #检查水印数据是否大于载体图像的最大可容纳量
    assert (height * width) // (block_shape[0] * block_shape[1]) >= len(wm)
    #取图像的红色通道来隐藏
    img_b, img_g, img_r = cv2.split(img)
    #对图像进行分块
    img_r_blocks = img_to_blocks(img_r, block_shape)
    #信息嵌入
    img_r_blocks_embedded = img_r_blocks.copy()
    for i in range(len(wm)):
        block = img_r_blocks[i]
        # 对图像分块进行DCT变换
        block_dct = cv2.dct(block)
        block_dct_embedded = block_dct.copy()
        # 选择(4,1)和(3,2)这一对系数
        if wm[i] == 0 and block_dct_embedded[4][1] <= block_dct_embedded[3][2]:
            block_dct_embedded[4][1], block_dct_embedded[3][2] = block_dct_embedded[3][2],
block_dct_embedded[4][1]
            # 将原本小的系数调整得更小,使得系数差别变大
            block_dct_embedded[3][2] -= alpha
        elif wm[i] == 1 and block_dct_embedded[4][1] >= block_dct_embedded[3][2]:
            block_dct_embedded[4][1], block_dct_embedded[3][2] = block_dct_embedded[3][2],
block_dct_embedded[4][1]
            # 将原本小的系数调整得更小,使得系数差别变大
            block_dct_embedded[4][1] -= alpha
        # 对图像分块进行DCT逆变换
        block_embedded = cv2.idct(block_dct_embedded)
        img_r_blocks_embedded[i] = block_embedded
    #将分块合并为完整的图像红色通道
    img_r_embedded = blocks_to_img(img_r_blocks_embedded, img.shape[:2])
    #与图像的绿色、蓝色通道合并
    img_embedded = cv2.merge([img_b, img_g, img_r_embedded.astype(np.uint8)])
    #计算峰值信噪比
    psnr = PSNR(img, img_embedded)
    print('%s %.3f %s' % ('PSNR = ', psnr, 'dB'))
    #保存嵌入水印的载体图像
    cv2.imwrite('embedded.bmp', img_embedded)
    #解决中文显示问题
    plt.rcParams['font.sans-serif'] = ['SimHei']
```

```
plt.rcParams['axes.unicode_minus'] = False
#展示原图像和携密图像
plt.figure(figsize = (10, 6))
plt.subplot(121)
plt.imshow(cv2.cvtColor(img, cv2.COLOR_BGR2RGB))
plt.title('原始图像')
plt.xticks([ ]), plt.yticks([ ])
plt.subplot(122)
plt.imshow(cv2.cvtColor(img_embedded, cv2.COLOR_BGR2RGB))
plt.title('携密图像')
plt.xticks([ ]), plt.yticks([ ])
plt.show( )
```

**任务四:提取二值图像水印信息**

参考代码如下。

```
#导入图像处理库
import cv2
#导入数学计算库
import numpy as np
#导入绘图库
import matplotlib.pyplot as plt
#从 block.py 导入图像分块的函数
from block import img_to_blocks
#计算 NC 值的函数
def NC(template, img):
    template = template.astype(np.uint8)
    img = img.astype(np.uint8)
    return cv2.matchTemplate(img, template, cv2.TM_CCORR_NORMED)[0][0]
#每个分块的大小为(8,8)
block_shape = (8, 8)
#设置水印图像的宽高
wm_height = 10
wm_width = 10
#读取携密图像
img = cv2.imread('embedded.bmp')
height, width = img.shape[:2]
#取图像的一层来提取
img_b, img_g, img_r = cv2.split(img)
#对图像进行分块
img_r_blocks = img_to_blocks(img_r, block_shape)
```

```
#信息提取
wm = np.zeros(wm_height * wm_width, dtype = np.uint8)
for i in range(len(wm)):
    block = img_r_blocks[i]
    # 对图像分块进行 DCT 变换
    dct_block = cv2.dct(block)
    if dct_block[4][1] <= dct_block[3][2]:
        wm[i] = 255
    else:
        wm[i] = 0
#从一维转为二维矩阵
wm = np.reshape(wm, (wm_height, wm_width))
#以灰度图模式读取水印图像
wm_original = cv2.imread('watermark.bmp', cv2.IMREAD_GRAYSCALE)
#计算 NC 值
nc = NC(wm_original, wm)
print(f'NC = {nc * 100} %')
#保存提取出的水印图像
cv2.imwrite('wm.bmp', wm)
#解决中文显示问题
plt.rcParams['font.sans-serif'] = ['SimHei']
plt.rcParams['axes.unicode_minus'] = False
#展示携密图像、水印原图像和提取出的水印图像
plt.figure(figsize = (15, 6))
plt.subplot(131)
plt.imshow(cv2.cvtColor(img, cv2.COLOR_BGR2RGB))
plt.title('携密图像')
plt.xticks([ ]), plt.yticks([ ])
plt.subplot(132)
plt.imshow(wm_original, 'gray')
plt.title('原始水印图像')
plt.xticks([ ]), plt.yticks([ ])
plt.subplot(133)
plt.imshow(wm, 'gray')
plt.title('提取水印图像')
plt.xticks([ ]), plt.yticks([ ])
plt.show( )
```

实验结果如下：

```
NC = 100.0 %
```

**任务五:对携密图像进行高斯噪声攻击并提取攻击后的水印信息**

细节:添加白噪声时,首先将图像像素点从[0－255]归一化成[0－1],然后添加均值为0、标准差为0.002的高斯噪声,最后将像素点反归一化成[0－255]。期间,可能噪声过大,像素点的值可能会小于0或大于255,此时要使用clip函数,把超过255的设置成255,把小于0的设置成0。

参考代码如下。

```
#导入图像处理库
import cv2
#导入数学计算库
import numpy as np
#导入绘图库
import matplotlib.pyplot as plt
#从 block.py 导入图像分块的函数
from block import img_to_blocks
#计算 NC 值的函数
def NC(template, img):
    template = template.astype(np.uint8)
    img = img.astype(np.uint8)
    return cv2.matchTemplate(img, template, cv2.TM_CCORR_NORMED)[0][0]
#高斯噪声攻击的函数
def gaussian_attack(img, mean, sigma):
    img = img.astype(np.float32) / 255
    noise = np.random.normal(mean, sigma, img.shape)
    img_gaussian = img + noise
    img_gaussian = np.clip(img_gaussian, 0, 1)
    img_gaussian = np.uint8(img_gaussian * 255)
    return img_gaussian
#每个分块的大小为(8,8)
block_shape = (8, 8)
#设置水印图像的宽高
wm_height = 10
wm_width = 10
#读取携密图像
img = cv2.imread('embedded.bmp')
height, width = img.shape[:2]
#对携密图像进行高斯噪声攻击,标准差设置为 0.002
img_gaussian = gaussian_attack(img, 0, 0.002)
#取图像的一层来提取
img_b, img_g, img_r = cv2.split(img_gaussian)
#对图像进行分块
```

```
img_r_blocks = img_to_blocks(img_r, block_shape)
#信息提取
wm = np.zeros(wm_height * wm_width, dtype = np.uint8)
for i in range(len(wm)):
    block = img_r_blocks[i]
    # 对图像分块进行 DCT 变换
    dct_block = cv2.dct(block)
    if dct_block[4][1] <= dct_block[3][2]:
        wm[i] = 255
    else:
        wm[i] = 0
#从一维转为二维矩阵
wm = np.reshape(wm, (wm_height, wm_width))
#以灰度图模式读取水印信息
wm_original = cv2.imread('bupt10.bmp', cv2.IMREAD_GRAYSCALE)
#计算 NC 值
nc = NC(wm_original, wm)
print('%s %.3f %s' % ('NC = ', nc * 100, '%'))
#保存提取出的水印图像
cv2.imwrite('wm.bmp', wm)
#解决中文显示问题
plt.rcParams['font.sans-serif'] = ['SimHei']
plt.rcParams['axes.unicode_minus'] = False
#展示携密图像、加入高斯噪声的携密图像、原始水印图像和提取出的水印图像
plt.figure(figsize = (17, 6))
plt.subplot(141)
plt.imshow(cv2.cvtColor(img, cv2.COLOR_BGR2RGB))
plt.title('携密图像')
plt.xticks([ ]), plt.yticks([ ])
plt.subplot(142)
plt.imshow(cv2.cvtColor(img_gaussian, cv2.COLOR_BGR2RGB))
plt.title('加入高斯噪声的携密图像')
plt.xticks([ ]), plt.yticks([ ])
plt.subplot(143)
plt.imshow(wm_original, 'gray')
plt.title('原始水印图像')
plt.xticks([ ]), plt.yticks([ ])
plt.subplot(144)
plt.imshow(wm, 'gray')
plt.title('提取出的水印图像')
plt.xticks([ ]), plt.yticks([ ])
plt.show( )
```

实验结果如下：

```
NC =  88.632 %
```

至此，本实验任务已完成。

**【实验作业】**

(1) 利用文件夹中的彩色图片 sea.bmp 图片在 R 颜色通道嵌入秘密信息，这个秘密信息为水印二值图像 watermark.bmp。嵌入后的图像为 seastegoR.bmp 图像。在一行两列中输出 sea.bmp 和 seastegoR.bmp 图像。(其中左边图像上的文字为"学号＋姓名＋原始图像"；右边图像上的文字为"学号＋姓名＋嵌入图像")。

(2) 计算嵌入秘密信息后的峰值信噪比、输出峰值信噪比。取小数点后三位。

(3) 在没有任何攻击的情况下，从 seastegoR.bmp 中图像提取水印二值图像 watermark1.bmp，计算 watermark.bmp 和 watermark1.bmp 的余弦相似度，在没有任何攻击的情况下，提取出来的水印信息和原始的水印信息完全相同，余弦相似度的值为 1。余弦相似度的计算方法参考 WAV 音频的 LSB 信息隐藏。将原始水印信息和没有任何攻击情况下提取的水印信息在一行两列上输出。(其中左边图像上的文字为"学号＋姓名＋原始水印"；右边图像上的文字为"学号＋姓名＋未遭受攻击水印")。这两张图应该是一模一样的。

(4) 在 seastegoR.bmp 图像中添加白噪声，将图像另存为 seastego1.bmp。从添加白噪声后的携密图像 seastego1.bmp 中提取水印二值图像 watermark2.bmp，计算 watermark.bmp 和 watermark2.bmp 的余弦相似度，因为携密图像遭受了高斯噪声攻击，提取出来的水印信息和原始的水印信息完全相同，余弦相似度的值肯定不为 1。计算这个余弦相似度的值并输出(这里的余弦相似度的值具有随机性)。取小数点后三位。将原始水印信息和遭受攻击后提取的水印信息在一行两列上输出。(其中左边图像上的文字为"学号＋姓名＋原始水印"；右边图像上的文字为"学号＋姓名＋攻击后水印")。

## 7.9 实验指导书 9:软件水印

**【实验目的】**

(1) 理解软件水印的基本原理，掌握静态软件水印和动态软件水印的特点。

(2) 使用 Python 软件生成几种静态和动态软件水印，并对这几种水印进行简单攻击。

**【实验环境】**

(1) Windows 操作系统。

(2) Python。

**【实验任务】**

**任务一：静态水印的生成与攻击**

**1. 静态数据水印**

静态数据水印，这类软件水印处于程序流程之外，因此通常存放在软件的固定数据区(Data Segment)，这种水印验证方法往往比较简单，一般软件会有固定显示这种水印的时机或可直接找到存放水印的位置。

(1) 静态数据水印的生成

比如用一个静态全局字符串来标识软件的版权，参考代码如下。

```
#a simple static software watermarking
def main( ):
    sw = "copyright bupt isc"
    print("Hello watermarking world!")
if __name__ == "__main__":
    main( )
```

(2) 静态数据水印的攻击

针对静态数据水印的攻击一般直接采用人工分析或者以统计分析为代表的自动化攻击，因为静态数据水印通常保存在一些很少或者从未被调用的变量或函数中，故对软件多次运行进行统计分析就可以确定绝大部分静态数据水印的位置。另外，静态数据水印经常被用作"所有者标识水印"，具有可见性，因此利用字符串匹配和查找算法就能进行有目的分析和搜索，然后可对水印进行篡改或者破坏。

另外，攻击者也可以在软件中加入自己的水印，使得作者无法申明原有水印的有效性，第三方就无法判断软件水印的真正版权拥有者。参考代码如下。

```
#a simple static software watermarking
def main( ):
    cw = "copyright lsc"
    sw = "copyright bupt isc"
    print("Hello watermarking world!")

if __name__ == "__main__":
    main( )
```

**2. 静态代码水印的生成与攻击**

静态代码水印，这类水印一般存放在软件的可执行流程之中，通常的办法是放在一些不会被执行到的分支流程内，比较典型的就是放在一系列比较判断之中或是函数调用返回之前。这类水印的验证需要事先知道水印的具体位置，同时也要防止水印在一些具有优化功能的编译器中被自动删除。此类水印的优点是生成方式灵活多样，而且验证方便、快速。但是静态水印的缺点是很容易被攻击者发现存放位置，而且静态水印依赖于物理文件格式和具体的程序文件，因此很难设计出通用性好、逻辑层次高的水印方案。

（1）静态代码水印的生成方法一：在变量赋值中隐藏水印。程序中以变量 v 的赋值“Copy Right By BUPTISC”作为静态水印。参考代码如下。

```
import os
LENGTH = 10

def main( ):
    STOP = False
    while not STOP:
        print("Input an n between 0 and 3. Other numbers to quit.")
        n = int(input( ))
        input( )
        case_value = 2 * n + 1
        if case_value == 0:
            v = 'C'
            v = 'o'
            v = 'p'
            v = 'y'
        elif case_value == 1:
            name = input("Your name? ")
            print(f"Hello, {name}! \nLet's try other numbers again\n")
        elif case_value == 2:
            v = 'R'
            v = 'i'
            v = 'g'
            v = 'h'
            v = 't'
        elif case_value == 3:
            os.system("cls && echo Clearing screen finish")
        elif case_value == 4:
            v = 'B'
            v = 'y'
        elif case_value == 5:
            print("System version")
            os.system("ver")
        elif case_value == 6:
            v = 'B'
            v = 'U'
            v = 'P'
            v = 'T'
            v = 'I'
            v = 'S'
            v = 'C'
```

```
        elif case_value == 7:
            os.system("echo Current Directory && dir && echo")
        else:
            print("This is a static code watermarking sample\nNow the program is going down")
            STOP = True
    input("Press Enter to continue...")

if __name__ == "__main__":
    main( )
```

(2) 静态代码水印的生成方法二:利用永假式来构造不会执行到的死流程,死流程中包含版权信息。参考代码如下。

```
import os
LENGTH = 10
def main( ):
    STOP = False
    while not STOP:
        print("Input an n between 0 and 3. Other numbers to quit.")
        n = int(input( ))
        input( )  # Consume the newline character

        case_value = 2 * n + 1

        if case_value == 0:
            pass
        elif case_value == 1:
            name = input("Your name? ")
            print(f"Hello, {name}! \nLet's try other numbers again\n")
        elif case_value == 3:
            os.system("cls && echo Clearing screen finish")
        elif case_value == 5:
            print("System version")
            os.system("ver")
        elif case_value == 7:
            os.system("echo Memory information && dir && echo")
        else:
            print("This is a static code watermarking sample\nNow the program is going down")
            STOP = True
    input("Press Enter to continue...")

if __name__ == "__main__":
    main( )
```

(3) 静态代码水印的攻击

针对静态代码水印的攻击主要以自动化攻击为主,手动攻击较为困难。自动化攻击有如下几种方法。

Profiling 攻击。Profiling 是 VC6 中的分析功能,通过列举出所有函数的执行时间,可以找到从未执行的函数。

指令乱序攻击。在不影响软件功能的情况下通过调整指令的顺序,或者交换两条或者多条指令的顺序以达到攻击目的。

统计分析攻击。因为水印信息大都隐藏在不会被执行的序列中,通过对软件多次执行的时间分布信息进行统计,就可以有效猜测出水印的隐藏位置,进而加以破坏甚至篡改。

静态软件水印信息一旦被检测出来,便可单纯地将水印信息部分截取(称为裁减攻击),而且还不会影响软件的功能。

现在在不影响软件功能的情况下载取水印信息。参考代码如下。

```
import os
LENGTH = 10
def main( ):
    STOP = False
    while not STOP:
        print("Input an n between 0 and 3. Other numbers to quit.")
        n = int(input( ))
        input( )   # Consume the newline character

        case_value = 2 * n + 1

        if case_value == 0:
            pass
        elif case_value == 1:
            name = input("Your name? ")
            print(f"Hello, {name}! \nLet's try other numbers again\n")
        elif case_value == 3:
            os.system("cls && echo Clearing screen finish")
        elif case_value == 5:
            print("System version")
            os.system("ver")
        elif case_value == 7:
            os.system("echo Memory information && dir && echo")
        else:
            print("This is a static code watermarking sample\nNow the program is going down")
```

```
            STOP = True

    input("Press Enter to continue...")

if __name__ == "__main__":
    main()
```

更彻底的攻击方法是把相关的case语句去掉，程序执行结果与方法一完全相同，但所有的水印信息已经全部丢失。

**任务二：动态软件水印的生成与攻击**

动态软件水印，它的存在依赖于软件的运行状态，通常是在某种特殊的输入下触发才会产生，其验证也必须在这类特定时机才可完成。根据水印产生的时机和位置可分为三类：Easter Egg、动态数据结构水印和动态执行序列水印。

**1. 值类型动态数据结构水印**

动态数据结构水印，在一段特殊输入的触发下，软件内部会初始化或建立某一特定的数据结构以表示软件的知识产权，验证水印必须在运行时观察到这类数据结构的产生。

（1）值类型动态数据结构水印的生成

参考代码如下。

```
def main():
    line = input("Please input something...\n")
    if line == "hjskei4Xo":
        v = deque(['C','S','I','T','P','U','B','T','H','G','I','R','Y','P','O','C'])

    print("The length of your input is", len(line))

# Importing deque from collections module
from collections import deque

if __name__ == "__main__":
    main()
```

（2）值类型动态数据结构水印的攻击

由于值类型动态数据结构水印的所有信息都隐藏在某个数据结构之中，只要攻击者找到隐藏水印信息的数据结构，就可以完全破坏水印。具体方法有篡改数据表示、篡改数据类型和拆分变量等。对于上例，可简单地修改成如下参考代码。

```
from collections import deque
def main():
    line = input("Please input something...\n")
    if line + "a" == "hjskei4Xo":
```

```
        v = deque( )
        # The original C++ code within the if statement (stack v; ......) is not provided.
        # You need to add the corresponding code based on your requirements.

    print("The length of your input is", len(line))

if __name__ == "__main__":
    main( )
```

在没有代码的情况下,一般运行调试都无法验证水印的存在。但实际上由于此种水印的触发条件一般在运行时都会运行过,很难通过判断使用次数、使用时间等方法找到水印入口点。

**2. Easter Egg 水印**

Easter Egg 水印,表明在软件接收某种特殊输入时,会显示出指定的一些信息,如软件所有者的照片、软件开发公司的标识等。

(1) Easter Egg 水印的生成

参考代码如下。

```
#一个将字符串转换为莫斯密码的程序
def letter_counts(ch):
    if ch.isalpha( ):
        return ord(ch.upper( )) - ord('A')
    else:
        return -1

def input_letters( ):
    array = [ ]
    print("Please input something...")
    line = input( )
    array.extend(line)
    return array

def convert_to_morse(array, code):
    for char in array:
        index = letter_counts(char)
        if index == ord('W') - ord('A') and len(array) == 12:
            check(array, len(array))
        print_morse(code, index)

def print_morse(array, n):
```

```
        if n == -1:
            print( )
        else:
            print(array[n])
        print( )
morse_code = [". - ", "- ... ", "- . - . ", "- .. ", ". ", ".. - . ", "- - . ", ".... ", "..
", ". - - - ", "- . - ", ". - .. ","- - ", "- . ", "- - - ", ". - - . ", "- - . - ", ". - . ",
"... ", "- ", ".. - ", "... - ", ". - - ", "- .. - ", "- . - - ", "- - .. "]


def main( ):
    print("This program translates a line into Morse code.")
    print(f"But not enter more letters than {len(morse_code)}")
    print("Enter English text:")
    line = input_letters( )
    convert_to_morse(line, morse_code)


if __name__ == "__main__":
    main( )
# Easter Egg 部分
def check(array, size):
    mark = [22, 0, 19, 4, 17, 12, 0, 17, 10, 8, 13, 6]
    for i in range(size):
        if letter_counts(array[i]) != mark[i]:
            break
    else:
        print("Copyright By BUPTISC")
```

（2）Easter Egg 水印的攻击

对于此类水印，攻击者只要通过逆向工程的方法就能找到水印的产生位置，便可以破坏水印的触发条件，甚至可以替换产生水印的代码，使之产生错误的信息。由于这种水印比较原始，它的输出特征又非常明显，给攻击者提供良好的分析切入点，因此现在很少有商用系统会单纯采用这种软件水印方案。例如，一旦攻击者定位到产生水印的 Check 函数，进行跟踪便可发现其在函数中的唯一一次调用，只要简单地修改参考代码如下。

```
convert_to_morse
def convert_to_morse(array, code):
for char in array:
    index = letter_counts(char)
    print_morse(code, index)
```

在这一部分，Easter Egg 水印的功能就会消失。

【实验作业】

(1) 使用 Python 生成静态和动态水印。

(2) 对软件水印进行基本的攻击尝试。

## 7.10 实验指导书 10:图像 LSB 隐写的卡方分析

【实验目的】

(1) 理解灰度图 LSB 嵌入前后直方图变化。

(2) 掌握图像的 LSB 卡方隐写分析方法。

【实验环境】

(1) Windows 环境。

(2) Python 3.7 或以上。

(3) 图像文件 sea.bmp。

【实验任务】

**任务一:灰度图 LSB 嵌入和直方图变化**

将彩色图转为灰度图,然后对灰度图像进行 LSB 嵌入,并比较嵌入秘密信息前后的直方图变化,参考代码如下。

```
#lsb.py
#PIL 图像处理库
from PIL import Image
#表格绘制库
import matplotlib.pyplot as plt
#数学库
import numpy as np
#图像的基本信息
img = Image.open("sea_gray.bmp")
width = img.size[0]
height = img.size[1]
#rgb 彩色图像转灰度图
def rgb2gray(img_):
    img_ = img_.convert("L")
    return img_
#生成随机信息
def randomMsg(percent):
    if percent > 0 and percent <= 1:
        row = round(width * percent)
```

```
        col = round(height * percent)
        return np.random.randint(0,2,(col,row))
    else:
raise Exception("传入的值必须属于(0,1]")
#将信息写入
def lsbWritein(img,msg):
    for y in range(len(msg)):
        for x in range(len(msg[0])):
            color = img.getpixel((x,y))
            temp = bin(color).replace('0b','')
#不满足8bit长度的在高位补0
            for j in range(8 - len(temp)):
                temp = '0' + temp
            temp = temp[0:7] + str(msg[y][x])
            img.putpixel((x,y),int(temp,2))
    return img
#主函数
def main( ):
    plt.figure("pixel")
    rt = 1
    img_gray = rgb2gray(img)
    martix_gray = np.array(img_gray)
    msg = np.array(randomMsg(rt))
    img_lsb = lsbWritein(img_gray,msg)
    martix_lsb = np.array(img_lsb)
#表格绘制
# 解决中文显示问题
    plt.rcParams['font.sans - serif'] = ['SimHei']
    plt.rcParams['axes.unicode_minus'] = False
    plt.subplot(211)
plt.title("原始图像直方图")
    plt.hist(martix_gray.flatten( ),bins = np.arange(0.5,257))
    plt.subplot(212)
plt.title("携密图像直方图")
    plt.hist(martix_lsb.flatten( ),bins = np.arange(0.5,257))
    plt.show( )
main( )
```

绘制的结果如图 7-9 所示。

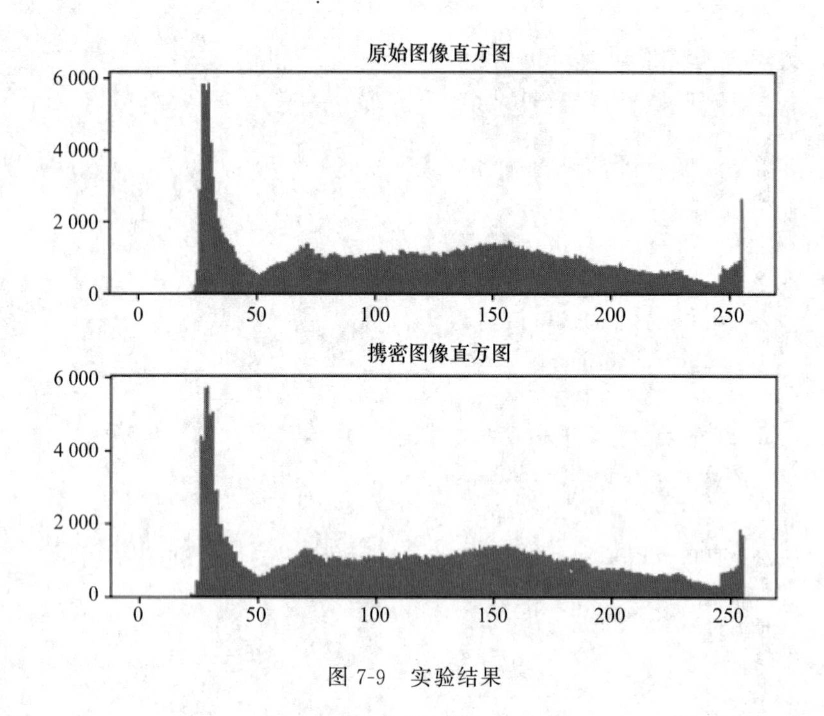


图 7-9　实验结果

### 任务二：卡方分析函数

参考代码如下。

```
#function.py
#统计学库
from scipy.stats import chi2
#数学库
import numpy as np
#卡方分析
def stgPrb(martix):
    count = np.zeros(256,dtype = int)
    for i in range(len(martix)):
        for j in range(len(martix[0])):
            count[martix[i][j]] += 1
    h2i = count[2:255:2]
    h2is = (h2i + count[3:256:2])/2
    filter = (h2is! = 0)
    k = sum(filter)
    idx = np.zeros(k,dtype = int)
    for i in range(127):
        if filter[i] == True:
            idx[sum(filter[1:i])] = i
```

```
    r = sum(((h2i[idx] - h2is[idx]) ** 2)/(h2is[idx]))
p = 1 - chi2.cdf(r,k - 1)
return p
```

**任务三:LSB 卡方分析源代码**

参考代码如下。

```
#LSB 卡方分析.py
from PIL import Image
from function import stgPrb
import numpy as np
#图像的基本信息
img = Image.open("sea.bmp")
width = img.size[0]
height = img.size[1]
#rgb 彩色图像转灰度图
def rgb2gray(img):
    img = img.convert("L")
    return img
#生成随机信息
def randomMsg(percent):
    if percent > 0 and percent <= 1:
        row = round(width * percent)
        col = round(height * percent)
        return np.random.randint(0,2,(col,row))
    else:
        raise Exception("传入的值必须属于(0,1]")
#将信息写入
def lsbWritein(img,msg):
    for y in range(len(msg)):
        for x in range(len(msg[0])):
            color = img.getpixel((x,y))
            temp = bin(color).replace('0b','')
            #不满足 8bit 长度的在高位补 0
            for j in range(8 - len(temp)):
                temp = '0' + temp
            temp = temp[0:7] + str(msg[y][x])
            img.putpixel((x,y),int(temp,2))
    return img
#主函数
def main():
```

```
    p = np.zeros((3,91))
    for k in range(3):
        img_gray = rgb2gray(img)
        #根据隐写率大小生成秘密信息,隐写率为 0.3,0.5,0.7 三种
        rt = 0.3 + 0.2 * k
        msg = randomMsg(rt)
        #lsb 隐写
        img_lsb = lsbWritein(img_gray,msg)
        img_lsb.save("sea_{}%.bmp".format(rt * 100))
        martix = np.array(img_lsb)
        #循环,确定一个隐写率区间对图片进行分析
        i = 0
        for rto in range(10,101):
            row = round(width * (rto/100))
            col = round(height * (rto/100))
            p[k][i] = stgPrb(martix[0:row,0:col])
            i+=1
    #输出
    for i in range(3):
        for j in range(91):
            print(p[i][j],end=',')
        print()
main()
```

至此,本实验任务已经完成。

## 【实验作业】

(1) 将彩色图 sea.bmp 转成灰度图 seagray.bmp,利用 LSB 方法嵌入 bupt 后生成 seagraystego.bmp。此处同学们需要思考的一个重要问题是,bupt 转成 ASCII 码后才 32 bit,而 seagray.bmp 图的像素点很多,应该如何嵌入?建议嵌入的时候用 bupt 的 ASCII 的二进制嵌入前 32 bit,后面添加随机数。

(2) 在一行两列中输出 seagray.bmp 和 seagraystego.bmp,截图插入实验报告中,同时在图中添加本人学号和姓名作为标注;标注的方式是学号(10 位)+姓名+原始灰度图、学号(10 位)+姓名+携密灰度图。

(3) 计算隐写后的图像的峰值信噪比,从主观(视觉效果)和客观(峰值信噪比)上来查看隐写后图像的透明性。将峰值信噪比的结果截图插入实验报告中。峰值信噪比取小数点后三位即可。

(4) 比较嵌入秘密信息前后的直方图变化,将直方图显示在屏幕上,截图插入实验报告中,并在图中添加本人学号和姓名作为标注。要求标注:学号(10 位)+姓名+原始图直方图、学号(10 位)+姓名+LSB 嵌入后直方图。

(5) 利用卡方分析方法判断隐写后的图像是否隐藏秘密信息,计算 $p$(取小数点后两位),将结果截图插入实验报告中,并在图中添加本人学号和姓名作为标注。学号(10位)+姓名。

(6) 实验思考:如果秘密信息没有嵌满所有像素,并且嵌入位置随机分布于整个图像,而分析者很难知道秘密信息所在位置,那么卡方分析方法就很难生效。可以使用伪随机序列随机在载体的最低比特位嵌入信息,使用上述卡方分析方法判断载体是否携密,验证卡方分析方法在上述隐写算法情况下是否有效。本要求作为实验思考,无须写入实验报告,供学有余力的同学课外思考完成。

# 参 考 文 献

[1] 杨榆. 雷敏，信息隐藏与数字水印[M]. 北京:北京邮电大学出版社，2017.
[2] 钮心忻. 信息隐藏与数字水印[M]. 北京:北京邮电大学出版，2004.
[3] 杨榆. 信息隐藏与数字水印实验教程[M]. 北京:国防工业出版社，2010.
[4] 胡光锐. 语音处理与识别[M]. 上海:上海科学技术文献出版社，1994.
[5] 杨行峻. 语音信号数字处理[M]. 北京:电子工业出版社，1995.
[6] 陈国，胡修林，张蕴玉，等. 语音质量客观评价方法研究进展[J]. 电子学报，2001(04):548-552.
[7] ROTHAUSER E H. IEEE recommended practice for speech quality measurements[J]. IEEE Transactions on Audio and Electroacoustics，1969，17(3)：225-246.
[8] KITAWAKI N，HONDA M，ITOH K. Speech-quality assessment methods for speech-coding systems[J]. IEEE Communications Magazine，1984，22(10)：26-33.
[9] VOIERS W D. Diagnostic Evaluation of speech Intelligility[M]. in Hawley M E (Ed.)，Benchmark Papers in Acoustics，Stroudsburg，PA：Dowden，Hutchenson and Ross，1977.
[10] VOIERS W. Diagnostic acceptability measure for speech communication systems [C]//ICASSP'77. IEEE International Conference on Acoustics，Speech，and Signal Processing. Hartford，CT，USA：IEEE，1977，2：204-207.
[11] QUACKENBUSH S R，BARNWELL T P，CLEMENTS M A. Objective measures of speech quality [M]. Englewood Cliffs，NJ：Prentice Hall，1988.
[12] LAM E H，AU O C，CHAN C C，et al. Objective speech measure for chinese in wireless environment[C]//1995 International Conference on Acoustics，Speech，and Signal Processing. Detroit，MI，USA：IEEE，1995，1：277-280.
[13] 陈逢时. 子波变换理论及其在信号处理中的应用[M]. 北京：国防工业出版社，1998.
[14] 宗孔德. 多抽样率信号处理[M]. 北京：清华大学出版社，1996.
[15] 林丕源，蒲和平. 计算机图形图像处理应用技术[M]. 成都:电子科技大学出版社，1998.
[16] 李建平，唐远炎. 小波分析方法的应用[M]. 重庆：重庆大学出版社，1999.
[17] 胡国荣. 数字视频压缩及其标准[M]. 北京：北京广播学院出版社，1999.

[18] 魏政刚，袁杰辉，蔡元龙. 一种基于视觉感知的图像质量评价方法[J]. 电子学报，1999(04)：80-83.

[19] 栗振风，丁艺芳，张文俊. 一种基于视觉加权处理的图像质量评价方法[J]. 上海大学学报(自然科学版)，1998(06)：58-65.

[20] 沈庭芳，方子文. 数字图像处理及模式识别[M]. 北京：北京理工大学出版社，1998.

[21] SIMMONS G J. The prisoners' problem and the subliminal channel[C]//Advances in Cryptology：Proceedings of Crypto 83. Boston，MA：Springer US，1984：51-67.

[22] KATZENBEISSER S，PETITCOLAS F. Information Hiding Techniques for Steganography and Digital Watermaking [M]. London：Artech House，1999.

[23] 吴秋新，钮心忻，杨义先，等. 信息隐藏技术——隐写术与数字水印[M]. 北京：人民邮电出版社，2001.

[24] ANDERSON R J，PETITCOLAS F A P. Information hiding [J]. Signal Processing，1996，80：2067-2070.

[25] ANDERSON R J，PETITCOLAS F A. On the limits of steganography[J]. IEEE Journal on Selected Areas in Communications，1998，16(4)：474-481.

[26] CACHIN C. An information-theoretic model for steganography[J]. Lecture notes in Computer Science，1998，1525：306-318.

[27] COX I J，KILIAN J，LEIGHTON F T，et al. Secure spread spectrum watermarking for multimedia [J]. IEEE Trans Image Process，1997，6(12)：1673-1687.

[28] BARNI M，BARTOLINI F，COX I J，et al. Digital watermarking for copyright protection：a. communications perspective [J]. IEEE Communications Magazine，2001，39(8)：90-91.

[29] BARNI M，PODILCHUK C I，BARTOLINI F，et al. Watermark embedding：Hiding a signal within a cover image[J]. IEEE Communications magazine，2001，39(8)：102-108.

[30] MARTIN J R H，KUTTER M. Information retrieval in digital watermarking [J]. IEEE Communications magazine，2001，39(8)：110-116.

[31] VOLOSHYNOVSKIY S，PEREIRA S，PUN T，et al. Attacks on digital watermarks：classification，estimation based attacks，and benchmarks[J]. IEEE communications Magazine，2001，39(8)：118-126.

[32] RAMKUMAR M，AKANSU A N. Capacity estimates for data hiding in compressed images[J]. IEEE Transactions on Image Processing，2001，10(8)：1252-1263.

[33] COX I J，MILLER M L，MCKELLIPS A L. Watermarking as communications with side information[J]. Proceedings of the IEEE，1999，87(7)：1127-1141.

[34] COX I J, MILLER M L, MCKELLIPS A L. Watermarking as communications with side information[J]. Proceedings of the IEEE, 1999, 87(7): 1127-1141.
[35] MOULIN P, O'SULLIVAN J A. Information-theoretic analysis of information hiding[J]. IEEE Transactions on information theory, 2003, 49(3): 563-593.
[36] CLELLAND C T, RISCA V, BANCROFT C. Hiding messages in DNA microdots[J]. Nature, 1999, 399(6736): 533-534.
[37] SMITH J R, COMISKEY B O. Modulation and information hiding in images [C]//International Workshop on Information Hiding. Berlin, Heidelberg: Springer Berlin Heidelberg, 1996(1): 207-226.
[38] TIRKEL A Z, RANKIN G A, VAN SCHYNDEL R M, et al. Electronic watermark [J]. Digital Image Computing, Technology and Applications (DICTA'93), 1993, 93: 666-673.
[39] BENDER W, GRUHL D, MORIMOTO N, et al. Techniques for data hiding [J]. IBM systems journal, 1996, 35(3): 313-336.
[40] PITAS I, KASKALIS T H. Applying signatures on digital images[J]. Proc. IEEE Nonlinear Signal and Image Processing, 1995, 460: 463.
[41] BRASSIL J T, LOW S, MAXEMCHUK N F, et al. Electronic marking and identification techniques to discourage document copying[J]. IEEE Journal on Selected Areas in Communications, 1995, 13(8): 1495-1504.
[42] HARTUNG F H, GIROD B. Watermarking of MPEG-2 encoded video without decoding and reencoding[C]//Multimedia Computing and Networking 1997. SPIE, 1997, 3020: 264-274.
[43] KOCH E, ZHAO J. Towards robust and hidden image copyright labeling[C]// IEEE Workshop on Nonlinear Signal and Image Processing. 1995, 1: 123-132.
[44] COX I J, KILIAN J, LEIGHTON F T, et al. Secure spread spectrum watermarking for multimedia[J]. IEEE transactions on image processing, 1997, 6(12): 1673-1687.
[45] PODILCHUK C I, ZENG W. Image-adaptive watermarking using visual models [J]. IEEE Journal on selected areas in communications, 1998, 16(4): 525-539.
[46] HSU C T, WU J L. Hidden digital watermarks in images [J]. IEEE Transactions on image processing, 1999, 8(1): 58-68.
[47] LU C S, LIAO H Y M, HUANG S K, et al. Cocktail watermarking on images [C]//Information Hiding: Third International Workshop, IH'99, Dresden, Germany, September 29-October 1, 1999 Proceedings 3. Springer Berlin Heidelberg, 2000: 333-347.
[48] COX I J, MILLER M L. Review of watermarking and the importance of perceptual modeling [C]//Human Vision and Electronic Imaging Ⅱ. SPIE, 1997, 3016: 92-99.

[49] STEFAN K, FABIEN AP P. Information hiding techniques for steganography and digital watermarking[M]. London, United Kingdom: Artech House, 2000.

[50] BENDER W, GRUHL D, MORIMOTO N. Techniques for Data Hiding in Proceedings of the SPIE Conference on Storage and Retrieval for Image and Video Databases Ⅲ[J]. San Jose, CA, 1995, 2420: 164-173.

[51] LANGELAAR G C, VAN DER LUBBE J C A, LAGENDIJK R L. Robust labeling methods for copy protection of images[C]//Storage and retrieval for Image and Video databases V. SPIE, 1997, 3022: 298-309.

[52] PITAS I, KASKALIS T H. Applying signatures on digital images[J]. Proc. IEEE Nonlinear Signal and Image Processing, 1995, 460: 460-463.

[53] 卢开澄. 计算机密码学[M]. 北京：清华大学出版社，1998.

[54] 刘珺，罗守山，吴秋新，等. 基于中国剩余定理的数字水印分存技术[J]. 北京邮电大学学报，2002(01)：17-21.

[55] 杨晓兵. 信息伪装相关技术的研究[D]. 北京：北京邮电大学，2002.

[56] LIN E T, DELP E J. A review of fragile image watermarks[C]//Proceedings of the ACM Multimedia Security Workshop. Orlando, FL, USA: ACM. 1999: 47-51.

[57] FRIDRICH J. Methods for Tamper Detection in Digital Images[J]. Multimedia and Security, 1999, 29: 41.

[58] 胡昌利. 数字视频水印[D]. 北京：北京邮电大学，2003.

[59] LIE W N, CHANG L C. Robust and high-quality time-domain audio watermarking subject to psychoacoustic masking[C]//ISCAS 2001. The 2001 IEEE International Symposium on Circuits and Systems (Cat. No. 01CH37196). IEEE, 2001, 2: 45-48.

[60] 钮心忻，杨义先. 基于小波变换的数字水印隐藏与检测算法 [J]. 计算机学报，2000，23(1)：21-27.

[61] KIROVSKI D, MALVAR H. Robust spread-spectrum audio watermarking [C]//2001 IEEE international conference on acoustics, speech, and signal processing. Proceedings (Cat. No. 01CH37221). Salt Lake City, UT, USA: IEEE, 2001, 3: 1345-1348.

[62] NAHRSTEDT K, QIAO L, DITTMANN I. Non-invertible watermarking methods for MPEG video and audio[C]//Proc. Security Workshop at ACM Multimedia. Bristol, U. K: ACM, 1998: 93-98.

[63] MORIYA T, TAKASHIMA Y, NAKAMURA T, et al. Digital watermarking schemes based on vector quantization[C]//1997 IEEE Workshop on Speech Coding for Telecommunications Proceedings. Back to Basics: Attacking Fundamental Problems in Speech Coding. Pocono Manor, PA, USA: IEEE, 1997: 95-96.

[64] CRAVER S, YEO B L, YEUNG M. Technical trials and legal tribulations[J].

Communications of the ACM，1998，41(7)：45-54.

[65] Mp3stego. Stirmark[EB/OL].(2021-02-20)[2024-05-04]. http://www.cl.cam.ac.uk/～fapp2/watermarking/stirmark.

[66] CRAVER S A，MEMON N D，YEO B L，et al. Can invisible watermarks resolve rightful ownerships? [C]//Storage and Retrieval for Image and Video Databases Ⅴ. SPIE，1997，3022：310-321.

[67] APOWERSOFT. UnZign watermark removal software[EB/OL].(2021-02-20)[2024-05-04]. https://www.apowersoft.com/watermark-remover.

[68] PETITCOLAS F A P，ANDERSON R J，KUHN M G. Attacks on copyright marking systems[C]//International workshop on information hiding. Berlin，Heidelberg：Springer Berlin Heidelberg，1998：218-238.

[69] 杨义先，钮心忻. 数字水印理论与技术[M]. 北京：高等教育出版社，2006.

[70] 眭新光，罗慧. 一种安全的基于文本的信息隐藏技术[J]. 计算机工程，2004，31(19)：104-105，191.

[71] 黄革新，肖竞华. 基于BMP图像信息隐藏技术的研究与实现[J]. 电脑与信息技术，2004，(05)：17-19，26.

[72] 周振宇. 数字调色板图像中的安全隐写研究[D]. 上海：上海大学，2006.

[73] 李娜，王小铭. 基于调色板的信息隐藏技术[J]. 现代计算机(专业版)，2007，(8)：34-36.

[74] 伍宏涛，杨义先. 基于调色板图像的信息隐藏技术研究[J]. 计算机工程与应用，2005，(1)：51-54，76.

[75] 杨成，杨义先，蔡满春. 有效的调色板图像水印算法[J]. 中山大学学报(自然科学版)，2004，43(S2)：128-131.

[76] 董刚，张良，张春田. 一种半脆弱性数字图像水印算法[J]. 通信学报，2003，23(1)：33-38.

[77] 李跃强. 数字音频水印研究[D]. 长沙：湖南大学，2005.

[78] 王炳锡，彭天强. 信息隐藏技术[M]. 北京：国防工业出版社，2007.

[79] 王丽娜，郭迟. 信息隐藏技术试验教程[M]. 武汉：武汉大学出版社，2004.

[80] 葛秀慧，田浩，信息隐藏原理及应用[M]. 北京：清华大学出版社，2008.

[81] 张立和，周继军，透视信息隐藏[M]. 北京：国防工业出版社，2007.

[82] 金聪，数字水印理论与技术[M]. 北京：清华大学出版社，2008.

[83] 刘建伟. 网络安全实验教程[M]. 北京：清华大学出版社，2007.

[84] 孙圣和，陆哲明，牛夏牧. 数字水印技术及应用[M]. 北京：科学出版社，2004.

[85] 王朔中，张新鹏，张开文. 数字密写和密写分析[M]. 北京：清华大学出版社，2005.

[86] 王炳锡，陈琦，邓峰森. 数字水印技术[M]. 西安：西安电子科技出版社，2003.

[87] 高海英. 音频信息隐藏和DRM的研究[D]. 北京：北京邮电大学，2003.

[88] 袁开国，杨榆，杨义先. 音频信息隐藏技术研究[J]. 中兴通讯技术，2007，23

(5)：6-9.

[89] 徐迎晖，杨榆，钮心忻，等. 基于语义的文本隐藏方法[J]. 计算机系统应用，2006(6)：91-94.

[90] 陈松. 信息隐藏与数字水印技术研究[M]. 北京：新华出版社，2014.

[91] 张雪锋. 信息安全概论[M]. 北京：人民邮电出版社，2014.

[92] 夏松竹，朱桂斌，曹玉强. 信息隐藏算法及应用[M]. 北京：国防工业出版社，2015.

[93] 贺雪晨. 信息对抗与网络安全[M]. 3 版. 北京：清华大学出版社，2015.

[94] 龚捷，曾兆敏，谈潘攀. 网络信息安全原理与技术研究[M]. 北京：中国水利水电出版社，2015.

[95] 陆哲明，聂廷远，吉爱国. 信息隐藏概论[M]. 北京：电子工业出版社，2014.

[96] 吴志军. 语音信息隐藏[M]. 北京：科学出版社，2014.

[97] 吕英华. 图像信息隐藏及其应用[M]. 北京：科学出版社，2014.

[98] 刘绪崇. 基于小波和多尺度几何分析的信息隐藏技术[M]. 长沙：湖南大学出版社，2014.

# 附录1 课后习题参考答案

## 第1章习题参考答案

**【简答题】**

(1) 信息隐藏与密码学的区别是什么?

**答:** 信息隐藏不同于传统的数据加密,传统数据加密隐藏信息的内容,让第三方看不懂;信息隐藏不但隐藏了信息的内容,而且隐藏了信息的存在性,让第三方看不见。传统的密码技术与信息隐藏技术并不矛盾,也不互相竞争,而是有益地相互补充。它们可用在不同场合,而且这两种技术对算法的要求不同,在实际应用中还可相互配合。

(2) 隐写术与数字水印的区别是什么?

**答:** 隐写术与数字水印是信息隐藏的两个重要研究分支,采用的原理都是将一定量的信息嵌入载体中,但由于应用环境和应用场合不同,对具体性能的要求也不同。隐写术主要用在相互信任的点与点之间的通信,隐写主要是保护嵌入载体中的秘密信息。隐写术注重信息的不可觉察性(透明性)和不可检测性,同时要求具有相当的隐藏容量以提高通信的效率,隐写术一般不考虑鲁棒性。而数字水印要保护的对象是隐藏信息的载体,数字水印要求的主要性能指标是鲁棒性(脆弱水印除外),对容量要求不高,数字水印有一些可见,有一些不可见。

(3) 数字水印有哪些领域的应用?

**答:** 数字水印技术的应用大体上可分为版权保护、数字指纹、认证和完整性校验、内容标识和隐藏标识、使用控制、内容保护、安全不可见通信等方面。

(4) 数字作品的特点是什么?

**答:** 数字作品的特点是,极易无失真地复制和传播,容易修改,容易发表等。这就对数字作品的版权保护提出了技术上及法律上的难题,具体如下。

① 如何鉴别一个数字作品的作者。传统作品一般采用签名的方法,而数字作品一般采用密码学中的数字签名的方法。

② 如何确定数字作品作者的版权声明。数字作品作者有时会对自己的作品声明保留权利或附加一些版权信息,对这些要求如何确认也是一个问题。需要注意的是,这个问题不能简单地等同于数字作品作者的鉴别,因为版权声明往往携带大量的信息,在很多情

况下不能用与签名一致的方法对作品嵌入这些信息。

③ 如何公证一个数字作品的签名与版权声明。一个数字作品上可加许多个签名，而版权声明发布后，作者或他人也可能否认。对签名真伪的鉴别以及对版权声明的确认不能仅仅由作者来执行，必须能通过第三方进行验证。

④ 在采用登记制的情况下，怎样确认登记的有效性。为作品办理登记手续不仅仅是一些要求登记的国家其作品版权产生的条件，也是发生版权争议时许多国家将其作为确定版权实际归属的手段。数字作品目前虽无此规定，但对于一些信息量较小的数字作品，如果不采用登记制度，那么其版权将难以得到保护。

(5) 信息隐藏算法的3个性能指标之间有怎样的相互关系？

**答：** 信息隐藏算法中透明性、鲁棒性、隐藏容量这3个性能指标之间相互制约，没有一种算法能让这3个性能指标达到最优。当某一种算法透明性较好时，说明原始载体与隐藏秘密信息的载体之间从人类视听觉效果上几乎无法区分，嵌入这些秘密信息的时候对原始载体的改动就不能太大，这种算法的鲁棒性往往比较差。当某一种算法的鲁棒性较好时，一般是修改了载体比较重要的位置，也就是说隐藏的信息与载体的某些重要特征结合在一起，这样才能抵抗各种信号处理和攻击，但修改载体比较重要位置的隐藏算法就会改变载体的某些特征，隐藏秘密信息后载体的透明性就比较差。信息隐藏的隐藏容量和透明性也相互矛盾，当隐藏容量比较大时，隐藏后隐写载体的透明性就比较差。

**【填空题】**

(1) 信息隐藏的原理是利用载体中存在的<u>冗余信息</u>来隐藏秘密信息。

(2) 信息隐藏的两个重要分支是<u>隐写术</u>、<u>数字水印</u>。

(3) 信息隐藏研究包括正向研究和逆向研究，信息隐藏检测研究属<u>逆向研究</u>的内容之一。

(4) 信息隐藏的3个性能指标是<u>透明性</u>、<u>鲁棒性</u>和<u>隐藏容量</u>。

(5) 数字水印是通过对载体进行难以被感知的改动，从而嵌入<u>与载体有关</u>信息，嵌入的信息不一定是秘密的，数字水印需要保护的是载体。

(6) 数字水印的4个特点是<u>安全性</u>、<u>可证明性</u>、<u>不可感知性</u>和<u>鲁棒性</u>。

(7) 数字水印方案包括3个要素是<u>水印本身的结构</u>、<u>水印的加载过程</u>和<u>水印的检测过程</u>。

(8) 知识产权主要包括<u>版权</u>、<u>专利权</u>和<u>商标权</u>。

## 第2章习题参考答案

**【简答题】**

(1) 语音的主观评价MOS分为几个等级？

**答：**

5 种等级的质量标准和受损程度的尺度

| MOS 评分 | 质量标准 | 受损程度 |
| --- | --- | --- |
| 5 | 极好 | 不可察觉 |
| 4 | 较好 | 可察觉,但不影响听觉效果 |
| 3 | 一般 | 轻微影响听觉效果 |
| 2 | 较差 | 影响听觉效果 |
| 1 | 极差 | 严重影响听觉效果 |

一般认为 MOS 分为 4.0～4.5 为高质量数字化语音,称为网络质量,3.5 分左右称为通信质量,能感觉到语音质量有所下降,但不妨碍正常通话。3.0 分以下称为合成语音质量,具有足够高的可懂度,但自然度不够好,并且不易进行讲话人识别。

(2) 图像质量的好坏取决于哪些方面?

**答**:图像质量的好坏,一方面取决于目标图像与原始图像之间的差异,误差越小,质量越好;另一方面则取决于人的主观视觉特性,如果目标图像中出现某些人眼不敏感或者“不在乎”的失真与损伤,那么对于观察者而言,就意味着图像没有降质。

(3) 图像的客观评价 PSNR(峰值信噪比)的特点是什么?峰值信噪比的值是越大越好,还是越小越好?

**答**:PSNR 基于对应像素点间的误差,即基于误差敏感的图像质量评价。由于并未考虑到人眼的视觉特性,因而经常出现评价结果与人的主观感觉不一致的情况,数值越大表示失真越小,因而数值越小越好。

(4) 主观评价与客观评价之间的一致函数映射关系是什么?

**答**:通过在客观评价和主观评价之间建立的函数关系,可用客观评价值求出对主观评价值的预测值,这个预测值和实测的主观评价值之间的相关度 $\rho$ 就作为该客观评价方法与主观评价方法之间的相关度。$\rho$ 的计算公式如下:

$$\rho = \sqrt{\frac{\sum_{i=1}^{N}(\hat{S}_i - \mu)^2}{\sum_{i=1}^{N}(S_i - \mu)^2}}$$

其中,$N$ 为被测的样本数,$S_i$ 表示第 $i$ 个样本的实测主观评价值,$\hat{S}_i$ 表示第 $i$ 个样本的客观评价的主观预测值,$\mu$ 是实测主观评价值的算术平均值。

$\rho$ 是一个 0 到 1 之间的数,$\rho$ 的值越高,说明该客观评价方法对主观评价的预测越准确,该方法的性能越好。

**【填空题】**

(1) 对于人耳的感觉,声音的描述使用__响度__、__声调__和__音色__等 3 个特征。

(2) __响度__描述人对声波幅度大小的主观感受,__音调__描述人对声波频率大小的主观感受。

(3) 由亮处走到暗处时,人眼一时无法辨识物体,这个视觉适应过程称为__暗适应性__;

由暗处走到亮处时的视觉适应过程则称为＿亮适应性＿；两者之间，耗时较长的是＿暗适应性＿。

（4）视觉范围是人眼能感觉的＿亮度＿范围。

（5）从图像质量评价的研究进展看，目前新的测量方法主要分为两类：＿基于视觉感知的测量方法＿和＿基于视觉兴趣的测量方法＿。

（6）语音质量评价是一个极其复杂的问题，语音质量评价一般可分为两大类：＿语音平均意见分＿和＿满意度测量＿。

（7）基于输入—输出的评价方法从使用的技术和特征参数上可分为五类：＿基于信噪比方法的评价方法＿、＿基于线性预测分析技术的评价方法＿、＿基于听觉模型的评价方法＿、＿基于判断模型的评价方法＿和＿其他评价方法＿。

（8）整幅图像的视觉质量往往取决于＿ROI＿的质量，而＿不感兴趣区＿的降质有时不易觉察。

## 第3章习题参考答案

**【简答题】**

（1）回声信息隐藏的原理是什么？

**答：**回声信息隐藏通过引入回声将水印数据嵌入到音频信号中。回声信息隐藏是利用人类听觉系统这一特性：弱信号可在强信号消失之后50～200 ms的作用而不被人耳觉察，即音频信号在时域的向后屏蔽作用。

（2）简述MP3Stego软件隐藏秘密信息的流程。

**答：**MP3Stego在WAV文件压缩成MP3的过程嵌入水印信息，嵌入数据先被压缩、加密，然后隐藏在MP3比特流中，默认输出的MP3格式是128 bit，单声道。

（3）音频水印按照水印嵌入的位置可在哪三个位置嵌入？

**答：**①在原始音频信号中嵌入；②在音频编码器中嵌入；③在压缩后的音频数据流中直接嵌入。

（4）音频水印的评价指标有哪些？

**答：**音频水印算法性能一般使用透明性、水印容量和鲁棒性3个指标来衡量。水印算法的透明性使用MOS评分、信噪比、峰值信噪比等指标来衡量；水印容量即单位长度音频可隐藏的秘密信息量；鲁棒性使用误码率和余弦相似度衡量。

（5）有哪些方法来衡量水印算法透明性？

**答：**水印算法的透明性使用MOS评分、信噪比、峰值信噪比等指标来衡量。

（6）音频信息隐藏为什么要比图像信息隐藏难？

**答：**一是音频信号在每个时间间隔内采样的点数要少很多，这意味着音频信号中可嵌入信息量要比可视载体少得多；二是人耳听觉系统要比人眼视觉系统灵敏得多，因此听觉上不可感知性的实现比视觉上困难；三是为抵抗剪切攻击，嵌入的水印应该保持同步；四是由于音频信号一般较大，提取时一般要求不需要原始音频信号；五是音频信号也有特殊的攻击，如回声、时间缩放等。因此，与图像水印相比，数字音频水印更困难。

【填空题】

(1) 参数编码 提取语音信号特征参数并对其编码,力图使重建的语音信号具有较高的可懂度,而重建的语音信号波形与原始语音波形可有很大的差别。

(2) 根据回声隐藏算法原理,若载体采样率为8 000 Hz,且每400个样点隐藏1 bit秘密信息,那么使用该算法进行保密通信时,传输速率为20 bit/s。以上分析的算法指标是信息隐藏的 容量 。

(3) 在无符号8比特量化的音频样点序列00010011、00110110、01010010使用最低有效位嵌入010,则样点序列变为 00010010、00110111、01010010 。

(4) 根据水印加载方式的不同,音频数字水印可分为4类: 时间域数字水印 、 变换域数字水印 、 压缩域数字水印 以及其他类型的数字水印。

(5) 常见的在变换域中的数字水印算法有: 傅氏变换域算法 、 离散余弦变换域算法 和 小波变换域算法 等。

(6) 音频水印算法性能好坏一般使用3个指标来衡量,即 透明性 、 水印容量 和 鲁棒性 。

(7) 最常用的音频透明性评测方法是 主观平均判分法 。

(8) 在对音频水印算法鲁棒性评价时,通常采用 误码率 和 余弦相似度 来衡量。

## 第4章习题参考答案

【简答题】

(1) 什么水印算法是盲水印算法?

**答:** 提取水印不需要原始图像的水印算法是盲水印算法。

(2) 512×512的彩色图像使用LSB算法最多能隐藏多少秘密信息?

**答:** 彩色图像有R,G,B三颜色通道,每个颜色通道可以隐藏512×512个秘密信息,隐藏彩色图像可以隐藏的秘密信息为512×512×3=786 432 bit数据。

(3) 常见的变换域方法有哪些?

**答:** 变换域方法主要有:离散余弦变换、离散小波变换、离散傅里叶变换等。

(4) 水印嵌入位置选择应考虑哪些问题?

**答:** 水印嵌入位置的选择应考虑两个方面的问题:一是安全性问题;二是对载体质量的影响问题。“考虑安全性问题”是指,嵌入的水印不能被非法使用者轻易提取,或者被轻易擦除。“考虑对载体质量的影响问题”是指,在载体中嵌入数字水印,载体本身会产生失真,或者说载体质量会受到影响,需考虑嵌入的水印不能影响数字载体的使用,嵌入的水印引起的失真对人类的感观来说是不可察觉的。

(5) 替换技术运用什么原理达到隐藏秘密信息的目的?

**答:** 图像在扫描和采样时,都会产生物理随机噪声,而人的视觉系统对这些随机噪声是不敏感的。替换技术就是利用这个原理,试图用秘密信息比特替换掉随机噪声,以达到隐藏秘密信息的目的。

**【填空题】**

(1) 在无符号8比特量化的音频样点序列00011011、00111110、01011010使用最低有效位嵌入001,则样点序列变为__00011010、00111110、01011011__,如果接收到上述样点序列,则可提取的秘密信息为__100__。

(2) 检测经打印扫描后图像中的水印有较大难度,其中一个主要原因是:打印过程中,数字信号转变为模拟信号采用半色调处理,而扫描过程中,模拟信号转变为数字信号时会引入噪声,我们称之为__像素失真__。

(3) 任何水印算法都需要在容量、__透明性__、鲁棒性三者之间完成平衡。

(4) 根据Kerckhoffs准则,一个安全的数字水印,其算法应该是__公开的__,其安全性应该建立在__密钥__保密性的基础上,而不应是__算法__的保密性上。

(5) 在各种载体中有很多方法可用于隐藏信息,其中最直观的一种就是__替换技术__。

(6) 替换技术利用的是人的视觉系统对图像在扫描和采样时产生的__随机噪声__的不敏感性。

(7) 水印嵌入位置的选择应该考虑两个方面的问题:一个是__安全性问题__的问题;另一个是__对载体质量影响问题__的问题。

(8) 对于图像而言,__在纹理较复杂的地方以及物体的边缘__区域,人类的视觉系统不太精确,也就是说对这些部分的失真不太敏感,因此在这些地方非常适合嵌入水印。人眼__对于图像取值比较均匀的光滑__区域的失真非常敏感,因此这些地方不适合嵌入水印。

(9) 在水印嵌入位置选择中,如何选择合适的区域,则利用了__预测编码__的原理。

(10) 拼凑算法、选择图像的视觉不敏感区域等,都属于__空间域__的水印。

(11) 目前主要使用的变换域方法有:__离散余弦变换(DCT)__、__离散小波变换(DWT)__、离散傅里叶变换等。

## 第5章习题参考答案

**【简答题】**

(1) 为使软件水印能够真正发挥保护软件所有者的知识产权的作用,一般要求软件水印具有哪些特征?

**答:**

① 能够证明软件的产权所有者。这是软件水印存在的主要目的。

② 具有鲁棒性。软件水印必须能够抵抗攻击、防止篡改,而且软件的正常压缩解压以及文件传输不会对水印造成破坏。

③ 软件水印的添加应该定位于软件的逻辑执行序列层面而不依赖于某一具体的体系结构。一般说来,结合某一具体的体系结构特征往往能增加软件水印的鲁棒性。

④ 软件水印应便于生成、分发以及识别。

⑤ 对软件已有功能和特征的影响在实际环境下可忽略。如果软件水印的存在对软件的正常运行造成很明显的负面影响,那么该水印不是一个设计良好的水印。

(2) 什么是文本信息隐藏?文本信息隐藏方法可分为哪几类?

**答:** 文本信息隐藏是以一定的方式对文本内容及格式等进行修改,从而嵌入所需隐藏的秘密信息。文本信息隐藏的要求是嵌入秘密信息后不影响文本文档的可读性,且不在内容表征上产生可被视觉感知的异常。文本信息隐藏可分为语义隐藏、显示特征隐藏和格式特征隐藏3种方法。

(3) 视频水印的特点是什么?视频水印和图像水印的相同点是什么?

**答:** 视频水印和图像水印又有一些重要差异。一是视频是大容量、结构复杂、信息压缩的载体(宿主),调整给定的水印信息和宿主信息之间的比率,变得越来越不重要。二是可用信号空间不同。对于图像,信号空间非常有限,这就促使许多研究者利用HVS模型,使嵌入水印达到可视门限而不影响图像质量;而对视频来说,由于时间域掩蔽效应等特性在内的更为精确的人眼视觉模型尚未完全建立,在某些情况下甚至不能像静止图像那样充分使用基于HVS的模型,且在MPEG视频编码器和译码器的某些模式下,水印会导致视觉失真更难以控制。三是视频作为一系列静止图像的集合,会遭受一些特定的攻击,如掉帧、速率改变等。一个好的水印可将水印信息分布在连续的几帧中,当遭受掉帧、速率改变等攻击后,还可以从一个短序列中恢复全部水印信息。四是虽然视频信号空间非常大,但视频水印经常有实时或接近实时的限制,与静止图像水印相比,降低视频水印的复杂度更重要。同时,现有的标准视频编码格式也会造成水印技术引入上的局限性。基于以上差异,视频水印除了具备难以觉察性、鲁棒性外,还具有以下特征。

① 水印嵌入和检测的复杂度可以不对称。通常,水印嵌入设计得复杂,以抵抗各种可能的攻击,而水印提取和检测基于实时应用设计得简单。

② 水印通常在压缩域进行处理。视频数据通常以压缩的格式存储,基于复杂度要求,更宜将水印加入压缩后的视频码流中。如果解码后加入水印再进行编码,那么计算量将相当大。

③ 通常,在视频中加入水印不会明显增加视频流码率。

④ 水印检测时不需要原始视频(保存所有的原始视频几乎不可能)。

(4) 实现"水印直接嵌入在视频压缩码流中"这一方案应具备的基本条件是什么?

**答:**

(1)水印信息的嵌入不能影响视频码流的正常解码和显示。

(2)嵌入水印的视频码流仍满足原始码流的码率约束条件。

(3)内嵌水印在体现视觉不易察觉性的同时能够抗有损压缩编码。

**【填空题】**

(1) 数字水印在<u>  提取信息和精确恢复  </u>方面,比信息隐藏要求更宽松,在<u>  抗攻击性  </u>方面比信息隐藏要求更严格。

(2) 文本信息隐藏可分为:<u>  语义隐藏  </u>、<u>  显示特征隐藏  </u>和<u>  格式特征隐藏  </u>3种方法。

(3) 在格式化文本中嵌入信息的原理是利用文本的＿排列＿或者文档的＿布局＿来隐藏信息。

(4) 软件水印就是把＿程序的版权信息＿和＿用户身份信息＿嵌入程序中。

(5) 根据水印的嵌入位置，软件水印可分为＿代码水印＿和＿数据水印＿。

(6) 代码水印隐藏在程序的＿指令部分＿中，而数据水印则隐藏在＿包括头文件、字符串和调试信息等数据＿中。

(7) 根据水印被加载的时刻，软件水印可分为＿静态水印＿和＿动态水印＿。静态水印又可进一步分为＿静态数据水印＿和＿静态代码水印＿。

(8) 静态水印存储在＿可执行程序代码＿中，比较典型的是把水印信息放在安装模块中或者指令代码中或者调试信息的符号中。

(9) 动态水印则保存在＿程序的执行状态＿中，这种水印可用于证明程序是否经过了迷乱变换处理。

(10) 动态水印可分为：＿Easter Egg 水印＿、＿数据结构水印执行＿和＿状态水印＿。

(11) 按嵌入策略分，视频水印可分为＿空间域＿和＿变换域＿两种；按水印特性分，可分为＿鲁棒性水印＿、＿脆弱性水印＿和＿半脆弱性水印＿；按嵌入位置分，可分为在＿未压缩域中嵌入＿、＿在视频编码器嵌入＿、＿视频码流中嵌入＿。

(12) 为进一步提高视频压缩的效率，研究人员提出了＿基于对象＿的视频压缩算法，例如已经制定出的 MPEG-4。

## 第 6 章习题参考答案

**【简答题】**

(1) 主动隐写分析的目标是什么？

**答：**主动隐写分析的目标是估算隐藏信息的长度，估计隐藏信息的位置，猜测隐藏算法使用的密钥，猜测隐藏算法所使用的某一些参数；主动隐写分析的终极目标是提取隐藏的秘密信息。

(2) 隐写分析的 3 个层次是什么？

**答：**信息隐藏分析目的有 3 个层次。第一，要回答在一个载体中，是否隐藏有秘密信息。第二，如果藏有秘密信息，那么提取出秘密信息。第三，如果藏有秘密信息，不管是否能提取出秘密信息，都不想让秘密信息正确到达接收者手中，因此，第三步就是将秘密信息破坏，但又不影响伪装载体的感观效果（视觉、听觉、文本格式等），也就是说使得接收者能够正确收到伪装载体，但又不能正确提取秘密信息，并且无法意识到秘密信息已经被攻击。

(3) 被动隐写分析的评价指标有哪些？

**答：**准确性、适用性、实用性和复杂度。

(4) 通用隐写分析算法与专用隐写分析算法的差别是什么？

**答：**专用隐写分析算法是针对特定隐写技术或研究对象的特点进行设计，这类算法的检测率较高,针对性强,但专用隐写分析算法只能针对某一种隐写算法。通用隐写分析,就是不针对某一种隐写工具或者隐写算法的盲分析。通用隐写分析方法在没有任何先知条件的基础下,判断音频载体中是否隐藏有秘密信息。通用隐写分析方法其实就是一个判断问题,就是判断文件是否隐藏了秘密信息。使用的方法是对隐藏秘密信息的载体和未隐藏秘密信息的载体进行分类特征提取,通过建立和训练分类器,判断待检测载体是否为隐写载体。这类算法适应性强,可对任意隐写技术进行训练,但目前检测率普遍较低,很难找到对所有或大多隐写方案都稳定有效的分类特征。

(5) 灰度图进行 LSB 嵌入前后灰度值直方图会发生什么变化?为什么?

**答:** 设图像中灰度值为 $j$ 的像素数为 $h_j$,其中 $0\leqslant j\leqslant 255$。如果载体图像未经隐写,那么 $h_{2i}$ 和 $h_{2i+1}$ 的值会相差得很远。秘密信息在嵌入之前往往经过加密,可以看作是 0、1 随机分布的比特流,而且值为 0 与 1 的可能性都是 1/2。如果秘密信息完全替代载体图像的最低位,那么 $h_{2i}$ 和 $h_{2i+1}$ 的值会比较接近,可以根据这个性质判断图像是否经过隐写。

**【填空题】**

(1) 隐写分析根据隐写分析算法适用性可分为两类: 专用隐写分析 和 通用隐写分析 。

(2) 隐写分析是针对图像、视频和音频等多媒体数据,在对 信息隐藏算法 或 隐藏的信息 一无所知的情况下,仅仅是对 可能携密的载体 进行检测或者预测。

(3) 根据已知消息,隐写分析可分为: 唯隐文攻击 、 已知载体攻击 、 已知消息攻击 、 选择隐文攻击 、 选择消息攻击 和 已知隐文攻击 。

(4) 根据需要采用的分析方法隐写分析可分 3 种: 感官分析 、 统计分析 和 特征分析 。

(5) 隐写分析根据最终效果可分为两种:一种是 被动隐写分析 ;另一种是 主动隐写分析 。

(6) 信息隐藏技术主要有两类:一类是 时域(或空间域)替换 技术,它主要是利用了在载体 载体固有的噪声 中隐藏秘密信息;另一类是 变换域 技术,主要考虑在载体 最重要部位 隐藏信息。

(7) 主动隐写分析的目标是 估算隐藏信息的长度 、 估计隐藏信息的位置 、 猜测隐藏算法使用的密钥 和 猜测隐藏算法使用的某些参数 ,主动隐写分析的终极目标是 提取隐藏的秘密信息 。

(8) 对于在时域(或空间域)的最低比特位隐藏信息的方法,主要是用 秘密信息比特 替换了 载体的量化噪声 和 可能的信道噪声 。

(9) 对于时域(或空间域)中的最低有效位隐藏方法,可采用 叠加噪声 的方法破坏隐藏信息,还可通过 有损压缩处理(如图像压缩、语音压缩等) 对伪装对象进行处理。

(10) 被动隐写分析方法的评价指标有: 准确性 、 适用性 、 实用性 和 复杂度 。

# 附录2

# 习题库1

**题型1:单项选择题**

(1) 下面哪种是现代用于数字作品版权保护的技术?(C)

A. 数据加密　　B. 信息隐藏

C. 数字水印　　D. 木马技术

(2) 在做信息隐藏时,更注重的是哪一个指标?(A)

A. 透明性　　B. 鲁棒性

C. 容量　　D. 不确定性

(3) 信息隐藏的最主要目标是让信息(A)。

A. 看不见　　B. 看不懂

C. 去不掉　　D. 传不出

(4) 数据加密的最主要目标是(B)。

A. 看不见　　B. 看不懂

C. 去不掉　　D. 传不出

(5) 数字水印用于版权保护,对于3个性能指标,此时就更注重提高哪个指标?(C)

A. 隐藏容量　　B. 透明性

C. 鲁棒性　　D. 3个指标都应提高

(6) 若一个数据写成0xAF,则记录用的数制是(C)。

A. 十位制　　B. 八进制

C. 十六进制　　D. 二进制

(7) 一个数据写成0xAF,如果写成十进制,应该是(B)。

A. 186　　B. 175

C. 164　　D. 45

(8) 24位真彩BMP文件,一般可看成几个部分组成?(A)

A. 三　　B. 四

C. 不可分　　D. 随便分

(9) BMP文件头部不会有的信息是(A)。

A. 某点的颜色　　B. 文件大小

C. 位图数　　D. 压缩方式

(10) 关于矢量图与位图,下面说法正确的是(C)。

A. 矢量图是高清的,位图不够清晰

B. 矢量图是用函数记录的,位图是用点阵像素记录的

C. 矢量图可以转为位图,位图可以很方便地转为矢量图

D. 同样大小的矢量图和位图的存储所占空间基本一样

(11) 评价隐藏算法的透明度可采用主观或客观方法,下面说法正确的是(D)。

A. 平均意见分是应用得最广泛的客观评价方法

B. MOS一般采用3个评分等级

C. 客观评价方法可以完全替代主观评价方法

D. 图像信息隐藏算法可用峰值信噪比作为透明度客观评价指标

(12) LSB是一种重要的信息隐藏算法,下列描述不正确的是(A)。

A. LSB算法简单,透明度高,滤波等信号处理操作不会影响秘密信息提取

B. LSB可以作用于信号的样点和量化DCT系数

C. 对图像和语音都可以使用LSB算法

D. LSB算法会引起值对出现次数趋于相等的现象

(13) 现接收到一使用DCT系数相对关系(隐藏1时,令 $B(u_1,v_1)>B(u_3,v_3)+D$ 且 $B(u_2,v_2)>B(u_3,v_3)+D$),隐藏秘密信息的图像,已知 $D=0.5$,对该图像作DCT变换后,得到约定位置($(u_1,v_1)(u_2,v_2)(u_3,v_3)$)的系数值为(1.2, 1.3, 1.9),(2.8, 1.2, 2.1),(2.3, 1.9, 1.2),则可从中提取的秘密信息是(D)。

A. 0,1,1　　B. 1,0,0

C. 1,无效,0　　D. 0,无效,1

(14) 卡方分析的原理是(C)。

A. 利用图像空间相关性进行隐写分析

B. 非负和非正翻转对自然图像和隐写图像的干扰程度不同

C. 图像隐写后,灰度值为 $2i$ 和 $2i+1$ 的像素出现频率趋于相等

D. 图像隐写后,其穿越平面簇 $z=0.5,2.5,4.5,\cdots$ 的次数增加

(15) 下列哪些不是描述信息隐藏的特征?(B)

A. 误码不扩散

B. 隐藏的信息和载体物理上可分割

C. 核心思想为使秘密信息“不可见”

D. 密码学方法把秘密信息变为乱码,而信息隐藏处理后的载体看似“自然”

(16) 下面哪个领域不是数字水印应用领域?(C)

A. 版权保护　　B. 盗版追踪

C. 保密通信　　D. 拷贝保护

(17) 下列哪种隐藏属于文本的语义隐藏?(A)

A. 根据文字表达的多样性进行同义词置换

B. 在文件头、尾嵌入数据

C. 修改文字的字体来隐藏信息

D. 对文本的字、行、段等位置做少量修改。

(18) 攻击者只有隐蔽载体,想从中提取秘密信息,属于(B)。

A. Known-cover attack　　B. Stego-only attack

C. Chosen-message attack　　D. Known-message attack

(19) 信息隐藏可以采用顺序或随机隐藏。例如,若为顺序隐藏,则秘密信息依次嵌入第 1,2,3, … 个样点中,而随机方式,秘密信息的嵌入顺序则可能是第 10,2,3,129,…个载体中。已知发送方采用随机方式选择隐藏位置,算法选择 LSB,携带秘密信息的载体在传输过程中有部分发生了变化,则下列说法正确的是(C)。

A. 虽然秘密信息采用信息隐藏的方法嵌入,但是嵌入位置由密码学方法确定。根据密码学特性,即使只错一个比特,信息也无法正确解码,可以判定接收方提取到的全是乱码

B. 收、发双方一般采用其他信道传输密钥,出现部份传输错误的不是密钥,因此,接收方能够正确提取秘密信息

C. LSB 算法鲁棒性差,嵌入传输错误的那部份载体中的秘密信息,很可能出现误码,但根据信息隐藏"误码不扩散"的特性可知,其他部分的秘密信息还是能够正确恢复的

D. 信息隐藏的核心思想是使秘密信息不可见。既然采用信息隐藏的方法传输秘密信息,那么传输的安全性只取决于攻击者能否检测出载体携带了秘密信息,因此采用随机隐藏的方式不会增强通信的安全性

(20) 某算法将载体次低有效比特位替换为秘密信息,已知某灰度图像经过了该算法处理,其中 3 个样点的灰度值为:132,127 和 136,则可从中提取的秘密信息为(C)。

A. 101　　B. 110　　C. 010　　D. 001

(21) 对二值图像可采用调整区域黑、白像素比例的方法嵌入秘密信息。确定两个阈值 $R_0<50\%$ 和 $R_1>50\%$,以及一个鲁棒性参数 $\lambda$。隐藏 1 时,调整该块的黑色像素的比使之属于$[R_1, R_1+\lambda]$;隐藏 0 时,调整该块黑色像素的比例使之属于$[R_0-\lambda, R_0]$。如果为了适应所嵌入的比特,目标块必须修改太多的像素,那就把该块设为无效。标识无效块:将无效块中的像素进行少量的修改,使得其中黑色像素的比例大于 $R_1+3\lambda$,或者小于 $R_0-3\lambda$。则下列说法不正确的是(B)。

A. 鲁棒性参数 $\lambda$ 越大,算法抵抗攻击的能力越强

B. 鲁棒性参数 $\lambda$ 越大,算法引起的感官质量下降越小

C. 引入无效区间主要是为了保证算法的透明性

D. 算法所有参数都确定时,也不能准确计算一幅图像能隐藏多少比特信息

(22) 隐写分析有三个层次,以下哪个不是隐写分析三个层次(D)。

A. 发现隐藏信息

B. 提取隐藏信息

C. 破坏隐藏信息

D. 判断隐写算法的透明性

**题型 2:判断题**

(1) Matlab 是进行信息隐藏的唯一工具。(×)

(2) 成语“明修栈道,暗度陈仓”可以描述信息隐藏的使用。(√)

(3) 除了宣示版权外,数字水印还能用于检测图像是否被篡改过。(√)

(4) 图片文件与文本文件表现的内容是不一样的,因此在存储到硬盘中的底层储存方式肯定不一样。(×)

(5) 程序在读取文件信息时,一定要按照在写入时编写的结构,否则将无法正确读取数据。(√)

(6) 隐藏信息的提取方法都是与隐藏的方法对应的,没有一种万能的方法可以提取所有隐藏的信息。(√)

(7) 将秘密字符隐藏在 BMP 文件的保留字节中,不会更改文件的大小。(√)

(8) 将数据隐藏到 BMP 图像的中部安全性与放在尾部区别不大。(√)

(9) 利用 BMP 结构只能隐藏文本信息,不能隐藏声音或视频。(×)

(10) 基于文件结构的信息隐藏方法,能隐藏的秘密信息量与像素数目无关。(√)

(11) 动态软件水印的验证和提取必须依赖于软件的具体运行状态,与软件文件的内容或存储不相关。(√)

(12) 句法变换是一种文本语义隐藏方法。(√)

(13) 水印算法的透明度是指算法对载体的感官质量的影响程度,透明度高意味着人类感知系统难以察觉载体感官质量的变化。(√)

(14) 客观评价指标不一定与主观感受相符,对于峰值信噪比相同的图像,由于人眼关注区域不同,评价者给出的主观打分可能不同。(√)

(15) 使用 LSB 算法嵌入秘密信息的图像,经过打印扫描后,仍然能从中正确提取秘密信息。(×)

(16) 文本信息隐藏中的语义隐藏主要是通过调整文本格式来达到隐藏信息的目标。(×)

(17) 水印按照特性可以划分为鲁棒性水印和脆弱性水印,用于版权标识的水印属于脆弱性水印。(×)

(18) 增加冗余数是保持软件语义的软件水印篡改攻击方法之一。(√)

(19) 图像的脆弱水印允许对图像进行普通信号处理操作,如滤波,但篡改内容的操作将导致水印信息丢失。(×)

(20) 静态软件水印包括静态数据水印和静态代码水印。(√)

**题型 3:填空题**

(1) 显示器显示图像的三原色是指 RGB 。

(2) 如果使用最低有效位做信息隐藏,宽 400 像素、高 500 像素的灰度图最多可隐藏 200 000 字节的秘密信息。

(3) 8 位灰度 BMP 图像,每个像素的灰度值最大为 255 。

(4) 最低有效位方法的英文缩写是 LSB 。

(5) 信息隐藏的两个重要分支是＿隐写术＿、＿数字水印＿。

(6) 隐写分析根据最终效果可分为＿被动隐写分析＿和主动隐写分析。

(7) 最常用的音频透明性评测方法是＿主观平均判分法＿。

(8) 根据水印的嵌入位置，软件水印可分为＿代码水印＿和＿数据水印＿。

(9) 根据需要采用的分析方法隐写分析可分：＿感官分析＿、统计分析和特征分析3种。

(10) 任何水印算法都需要在容量、＿透明性＿、鲁棒性三者之间完成平衡。

**题型4:简答题**

(1) 已知24位BMP图像的前7字节的内容是:42、4D、38、9D、AC、00、00，请写出文件大小的计算过程。

**答:**

a(3)＝0x38＝56

a(4)＝0x9D＝157

a(5)＝0xAC ＝172

a(6)＝0x00＝0

fsize ＝a(3)＋a(4) * 256＋a(4) * 256^2＋a(4) * 256^3

　　＝56＋157 * 256＋172 * 256^2＋0＝56＋40 192＋11 272 192＝11 312 440

(2) 现将3 845字节的秘密信息，隐藏到BMP真彩图像的文件头和数据区之间，则记录偏移位的记录(十进制)应该是多少？如果用UE查看，那么记录偏移位的4个字节自左到右分别是什么？

**答:**

记录偏移位的记录(十进制)＝54＋3 845＝3 899

a(14)＝fix(n/ (256^3))；　0x00

a(13)＝fix((n－a(14) * (256^3))/(256^2))；　0x00

a(12)＝fix((n－a(14) * (256^3)－a(13) * (256^2))/(256^1))＝fix(3 899/(256^1))；

　　15　0x0F

a(11)＝fix((n－a(14) * (256^3)－a(13) * (256^2)－a(12) * (256^1))/(256^0))＝

　　fix((3 899－15 * 256)/(256^0))；59　0x3B

记录偏移位的4个字节自左到右:3B　0F　00　00

(3) 现已知8位灰度图的第35行、第60列的像素点亮度值为149，则该点在8个比特位中存储的内容分别是什么？最低位的值是什么？

**答:** 149亮度值，存储为二进制，放在8个比特位中10010101，右边为最低位，可知最低位值为1。

(4) 使用LSB算法隐藏信息原始图像是一个6×6的灰度图像，36个点的像素值如下：

156　141　157　132　144　201
157　145　133　155　189　121
190　245　188　166　153　133
189　156　133　156　167　78
45　56　0　3　6　77
38　26　88　42　51　191

若取出其最低有效位组成矩阵,则该矩阵表示为?

**答:**

011001
111111
010011
101010
100101
000011

(5) 接上题,间谍A需要使用LSB算法在图像中嵌入do08(表示攻击发起时间是8点钟),do08对应的ASCII码为100　111　48　56,请转换为4组的8位二进制比特位。

**答:** 01100100、01101111、00110000、00111000

(6) 接上题,按先列后行的顺序写将隐藏到最低有效位,则最低有效位层的矩阵将变为?

**答:**

001100
101100
101011
011010
010011
100001

(7) 接上题,隐藏信息后,6×6的灰度图像的亮度值矩阵变为?

**答:**

156、140、157、133、144、200
157、144、133、155、188、120
191、144、189、166、153、133
188、56、133、156、167、78
44、57、0、2、7、77
39、26、88、42、50、191

(8) 某用户打算要使用LSB算法,在8位BMP灰度图像中隐藏"OK"两个字符(提示:"O"的ASCII码值是79,"K"的ASCII码值是57),请分别写出OK对应的8位二进制码。

**答：**

01001111

00111001

(9) 此8位BMP灰度图像像素为4×5的8位BMP灰度图像，20个点的像素值如下：

156　141　157　132　144

157　145　133　155　189

190　245　188　166　153

189　156　133　156　167

若取出此矩阵的最低有效位，则该最低有效位矩阵表示为？

**答：**

0 1 1 0 0

1 1 1 1 1

0 1 0 0 1

1 0 1 0 1

(10) 按先列后行的顺序，将“OK”的比特值顺序替换最低有效位，则上面的最低有效位层的矩阵将变为？

**答：**

0 1 0 1 0

1 1 0 0 1

0 1 1 0 1

0 1 1 1 1

(11) 在替换隐藏处理后，4×5的灰度图像的亮度值矩阵将变为？

**答：**

156 141 156 133 144

157 145 132 154 189

190 245 189 166 153

188 157 133 157 167

# 附录3

# 习题库2

**题型1:单项选择题**

(1) 某算法将载体的次低有效比特位替换为秘密信息,已知某灰度图像经过了该算法隐藏处理后,其中3个点的灰度值为136,124,140,则提取的信息是(C)。

A. 101　　B. 110

C. 000　　D. 001

(2) 在8比特位存储一个像素点的灰度图中哪一个像素值是不可能的(C)。

A. 0　　B. 100

C. 258　　D. 200

(3) 一个20×20像素点的24位真彩BMP图像,其文件大小应是(D)。

A. 9 654 字节　　B. 10 032 字节

C. 400 字节　　D. 1 254 字节

(4) 某算法将载体的最低有效比特位替换为秘密信息,已知某灰度图像经过了该算法隐藏处理后,其中3个点的灰度值为136,124,141,则提取的信息是(D)。

A. 101　　B. 641

C. 000　　D. 001

(5) 下面哪个领域不是数字水印应用领域?(B)

A. 拷贝保护　　B. 保密通信

C. 盗版追踪　　D. 版权保护

(6) 某携密的8位BMP灰度图,已知是使用最低比特位顺次隐藏,隐写后三个像素点的值为

1　0　1　0　1　0

0　0　1　1　1　1

0　0　1　1　1　1

则对应的秘密信息可能是(A)。

A. 011　　B. 100

C. 101010001111001111　　D. 100000111011111011

(7) 已知二值图像的游程值为4,5,3,6,2,5,3,8,5,2,9,12,9,现决定使用偶数位的游程隐藏比特101101,则游程可能变为(D)。

A. 4,5,3,6,2,5,3,8,5,2,9,12,9
B. 4,5,3,6,2,5,3,9,5,2,9,13,9
C. 5,4,3,7,2,5,3,8,5,2,9,12,9
D. 4,5,3,6,2,5,3,9,4,2,9,13,8

(8) 已知经游程编码进行信息隐藏之后,二值图像的像素点矩阵分布如下:

1　0　1　0　0　1　0　1
1　1　0　0　1　1　1　1
1　1　0　1　0　0　1　0
0　0　0　1　0　0　1　0
1　1　0　1　0　0　1　0

使用奇数位游程隐藏,奇数为 0 偶数为 1,则对应的秘密比特是 (B)。

A. 11001100
B. 00110011
C. 11000
D. 11101

(9) 离散小波变换的英文简写是 (B)。

A. DCT
B. DWT
C. DFT
D. LSB

(10) 某算法将载体次低有效比特位替换为秘密信息,已知某灰度图像经过了该算法处理。其中 3 个样点的灰度值为:131,126,137,则可从中提取的秘密信息为(C)。

A. 001
B. 010
C. 110
D. 101

(11) 下面哪个领域不是数字水印应用领域?(D)

A. 盗版追踪
B. 版权保护
C. 拷贝保护
D. 保密通信

(12) 下列哪种隐藏属于文本语义隐藏?(B)

A. 在文件头、尾嵌入数据
B. 句法变换
C. 对文本的字、行、段等位置做少量修改
D. 修改文字的字体来隐藏信息

(13) 卡方分析的原理是(D)。

A. 非负和非正翻转对自然图像和隐写图像的干扰程度不同
B. 利用图像空间相关性进行隐写分析
C. 图像隐写后,其穿越平面簇 $z=0.5,2.5,4.5,\cdots$ 的次数增加
D. 图像隐写后,灰度值为 $2i$ 和 $2i+1$ 的像素出现频率趋于相等

(14) LSB 是一种重要的信息隐藏算法,下列描述不正确的是(D)。

A. LSB 算法会引起值对出现次数趋于相等的现象
B. 对图像和语音都可以使用 LSB 算法
C. LSB 可以用于信号的样点和量化 DCT 系数
D. LSB 算法简单,透明度高 ,滤波等信号处理操作不会影响秘密信息的提取

(15) 下列说法不正确的是(B)。

A. 信息隐藏的主要分支包括隐写术、数字水印、隐蔽信道和信息分存等

B. 数字水印的主要应用包括版权保护、盗版跟踪、保密通信、广播监控等

C. 信息隐藏的主要思路是使秘密信息不可见,密码学的主要思路是使秘密信息不可懂

D. 信息隐藏研究包括正向、逆向研究,逆向研究内容之一是信息隐藏分析

(16) 掩蔽效应分为(C)和(B),或(A)和(F),后者又分为(D)和(E)。

A. 同时掩蔽　　B. 时域掩蔽

C. 频域掩蔽　　D. 超前掩蔽

E. 滞后掩蔽　　F. 异时掩蔽

(17) 有关基于格式的信息隐藏技术,下列描述不正确的是(A)。

A. 隐藏内容可以存放到图像文件的任何位置

B. 隐藏效果好,图像感观质量不会发生任何变化

C. 文件的复制不会对隐藏的信息造成破坏,但文件存取工具在保存文档时可能会造成隐藏数据的丢失,因为工具可能会根据图像数据的实际大小重写文件结构和相关信息

D. 隐藏的信息较容易被发现,为了确保隐藏内容的机密性,需要首先进行加密处理,然后再隐藏

(18) 在二值图像中利用黑、白像素的比率隐藏信息时,可以考虑引入鲁棒性参数,假设经过测试,已知某传输信道误码率的概率密度:误码率低于1%的概率为0.8,误码率低5%的概率为0.9,误码率低于10%的概率为0.95,……则为了保证隐藏信息正确恢复的概率不低于90%,鲁棒性参数至少为(C)。

A. 1%　　B. 5%

C. 10%　　D. 50%

(19) 已知某图像轮廓的游程编码为:$<a_0, 3><a_1, 4><a_2, 4><a_3, 7>$。现需修改游程长度以隐藏秘密信息,约定隐藏0时游程长度为偶数(约定长度在$2i$和$2i+1$之间翻转,例如2—3, 4—5,…),则隐藏秘密信息1100后,游程编码变为(C)。

A. $<a_0,3><a_1,5><a_2+1,2><a_3-1,8>$

B. $<a_0,3><a_1,5><a_2,2><a_3,8>$

C. $<a_0,5><a_1+2,5><a_2+2,4><a_3+2,8>$

D. $<a_0,5><a_1+2,3><a_2+1,4><a_3+1,8>$

(20) 现接收到一使用DCT系数相对关系(隐藏1时,令$B(u_1,v_1)>B(u_3, v_3)+D$且$B(u_2, v_2)>B(u_3, v_3)+D$)隐藏秘密信息的图像,已知$D=0.5$,对该图像作DCT变换后,得到约定位置($(u_1,v_1)(u_2, v_2)(u_3, v_3)$)的系数值为:(1.6, 2.1, 1.0),(0.7, 1.2, 1.8),(0.9, 1.8, 1.2),则可从中提取的秘密信息是(C)。

A. 0,1,1　　B. 1,0,0

C. 1,0,无效　　D. 0,1,无效

(21) 关于隐写分析,下列说法不正确的是(C)。

A. 设计图像隐写算法时往往假设图像中LSB位是完全随机的,实际使用载体的LSB平面的随机性并非理想,因此连续的空域隐藏很容易受到视觉检测

B. 感观检测的一个弱点是自动化程度差

C. 统计检测的原理为:大量比对掩蔽载体和公开载体,找出隐写软件特征码

D. 通用分析方法的设计目标是不仅仅针对某一类隐写算法有效

**题型 2:判断题**

(1) 利用 BMP 灰度图最低有效位做隐藏,只能隐藏文本信息。(×)

(2) 利用 BMP 灰度图最低有效位做隐藏,人眼睛很难觉察,也无法通过文件结构检测,但隐藏容量有限制。(√)

(3) 二值 BMP 图像也可以利用文件结构进行信息隐藏。(√)

(4) 域变换隐藏方法与最低位隐藏一样,都是将信息比特直接隐藏在某个比特位中。(×)

(5) 在变换域中隐藏信息,比在时空域中隐藏有更好的鲁棒性,更具抗攻击的能力,同时保持不可察觉性。(√)

(6) 域变换隐藏是利用变换系数做隐藏,所以与像素点数无关,可以随意隐藏大量信息。(×)

(7) DCT 隐藏中需要修改变换系数,DCT 的变换系数可以随意增大,不会对图像的显示效果产生明显影响。(×)

(8) 隐写分析的主要目的是判断载体中是否隐藏了秘密信息。(√)

(9) 视频水印的主要目的是提高视频的清晰度。(×)

(10) 水印可以分为可见水印和不可见水印,其中用于标识电视台台标的水印是可见水印。(√)

(11) 语音信号大部分信息保存在幅值较低部分,因此用峰值消波滤去高幅值信号对语音清晰度影响较小。(√)

(12) 心理声学实验表明:人耳难以感知位于强信号附近的弱信号,这种声音心理学现象称为掩蔽。强信号称为掩蔽音,弱信号称为被掩蔽音。(√)

(13) 人眼在一定距离上能区分开相邻两点的能力称为分辨力。人眼分辨力受物体运动速度的影响,人眼对高速运动的物体的分辨力强于对低速运动的物体的分辨力。(√)

(14) 隐写分析可分为感官、特征、统计和通用分析。patchwork 算法调整图像两个区域亮度,使之有别于自然载体(即两区域亮度不相等),因此是一种感官分析方法。(×)

(15) 主观评价方法依赖人对载体质量作出评价,其优点是符合人的主观感受,可重复性强,缺点是受评价者疲劳程度、情绪等主观因素影响。(×)

(16) 信息隐藏的核心思想是使秘密信息不可懂。(×)

(17) 很多隐写和数字水印算法原理相同,但算法性能指标优先顺序不同。相较而言,数字水印算法更重视透明性,隐写算法更重视鲁棒性。(×)

(18) LSB 算法简单,对载体感官质量影响小,鲁棒性较差是其弱点之一。(√)

(19) 隐写分析可分为感官、特征、统计和通用分析,卡方隐写分析是一种感官隐写分析算法。(×)

(20) 客观评价指标不一定符合主观感受。例如,经参数编码后重建的语音,由于波形发生较大变化,因此用客观评价指标——信噪比评估的听觉效果可能很差,但实际听觉效果可能很好。(√)

**题型 3:填空题**

(1) 任何水印算法都需要在容量、__透明性__、__鲁棒性__三种性能参数之间完成平衡。

(2) 离散余弦变换英文简写是__DCT__。

(3) 离散傅里叶变换的英文简写是__DFT__。

(4) 在用 DCT 做隐藏时,按 8×8 分块做变换,约定用系数 $A(5,2)$的值>$A(4,3)$的值来隐藏"1",反之则隐藏"0"。

第 1 块　$A(5,2)=-0.083$　,$A(4,3)=0.004$

第 2 块　$A(5,2)=0.003$　,$A(4,3)=-0.063$

第 3 块　$A(5,2)=0.074$　,$A(4,3)=0.005$

则隐藏的比特应该是__011__。

(5) 在__离散小波__变换后,图像变换为一系列的小波系数。

(6) 灰度图像的像素点亮度矩阵做离散余弦变换后,可观察到能量集中在左上角,主要是__直流和低频系数__。

(7) 检测经打印扫描后图像中的水印有较大难度,其中一个主要原因是:打印过程中,数字信号转变为模拟信号采用半色调处理,而扫描过程中,模拟信号转变为数字信号时引入噪声,我们称之为__失真__。

(8) 对于人耳的感觉,声音的描述使用__响度__、__声调__和__音色__等 3 个特征。

(9) 根据 Kerckhoffs 准则,一个安全的数字水印,其__算法__应该是公开的,其安全性应该建立在__密钥__保密性的基础上,而不应是__算法__的保密性上。

(10) 被动隐写分析方法的评价,一般采用__准确性__、__适用性__、实用性和复杂度 4 个指标来衡量。

**题型 4:简答题**

(1) 简述密码学和信息隐藏的主要区别。

**答:** 密码学的主要思路是使秘密信息"不可懂",秘密信息加密后变成乱码,容易引起攻击者怀疑。密码学方法产生的签名及秘密信息分别存储在不同的数据结构中,物理上可以剥离,攻击者甚至不需要改写信息,只要删除签名,就能使接收者无法使用没有篡改的秘密信息。密码学方法加密的秘密信息,哪怕错 1 bit,其他信息都无法恢复。

信息隐藏的主要思路是使秘密信息"不可见",携带秘密信息的隐蔽载体与普通载体相似,不引起攻击者怀疑。秘密信息是掩蔽载体的一部分,在保证掩蔽载体使用价值的情况下,难以去除秘密信息,部分区域的秘密信息不能正确提取不会影响其他区域的信息提取。

(2) 什么是被动隐写分析和主动隐写分析?

**答**：隐写分析根据最终效果分为被动隐写分析和主动隐写分析。被动隐写分析仅仅判断多媒体数据中是否存在秘密信息。主动隐写分析的目标是估算隐藏信息的长度、估计隐藏信息的位置、猜测隐藏算法使用的密钥、猜测隐藏算法所使用的某一些参数，主动隐写分析的终极目标是提取隐藏的秘密信息。

(3) 什么是文本信息隐藏？文本信息隐藏可分为哪几类？

**答**：文本信息隐藏：以一定的方式对文本内容及格式等进行修改，嵌入所需信息但不易被察觉。文本信息隐藏的要求是信息嵌入时候不影响文本文档的可读性，嵌入信息后，不在内容表征上产生可被视觉感知的异常。文本文档是由内容和格式构成的，内容包括字、词、句、行、段落等元素。文本信息隐藏可分为：语义隐藏、显示特征隐藏和格式特征隐藏 3 种方法。

(4) 图像的客观评价 PSNR(峰值信噪比)的特点是什么？峰值信噪比的值是越大表示失真越小，还是越小表示失真越小？

**答**：PSNR 基于对应像素点间的误差，即基于误差敏感的图像质量评价。由于并未考虑到人眼的视觉特性，因而经常出现评价结果与人的主观感觉不一致的情况，数值越大表示失真越小，因而数值越大越好。

(5) 数字水印有哪些领域的应用？

**答**：数字水印技术的应用大体上可分为版权保护、数字指纹、认证和完整性校验、内容标识和隐藏标识、使用控制、内容保护、安全不可见通信等几个方面。

(6) 替换技术运用什么原理达到隐藏秘密信息的目的？

**答**：图像在扫描和采样时，都会产生物理随机噪声，而人的视觉系统对这些随机噪声是不敏感的。替换技术就是利用这个原理，试图用秘密信息比特替换掉随机噪声，以达到隐藏秘密信息的目的。

(7) 回声信息隐藏的原理是什么？

**答**：回声信息隐藏是利用人类听觉系统的一个特性：音频信号在时域的向后屏蔽作用，即弱信号在强信号消失之后变得无法听见。弱信号可在强信号消失之后 50～200 ms 的作用而不被人耳觉察。音频信号和经过回声隐藏的秘密信息对于人耳朵来说，前者就像是从耳机中听到的声音，没有回声。而后者就像是从扬声器中听到的声音。

(8) 信息隐藏最重要一种特征不可感知性(透明性)表示的大致含义是什么？

**答**：不可感知性包含两个方面的含义：一是指隐藏的秘密信息不对载体在视觉或者听觉上产生影响。隐藏的信息附加在某种数字载体上，必须保证它的存在不妨碍和破坏数字载体的欣赏价值和使用价值，即不能因在一幅图像中加入秘密信息而导致图像面目全非，也不能因在音频中加入秘密信息导致声音失真。二是要求采用统计方法不能恢复隐藏的信息，如对大量的用同样方法隐藏信息的信息产品采用统计方法也无法提取隐藏的秘密信息。

(9) 在隐写分析中，要在原始载体、嵌入信息后的载体和可能的秘密信息之间进行比较。和密码学相类似，隐写分析学也有一些相应攻击类型根据已知消息的情况，参考密码分析的分类方法，对信息隐藏检测的分类，可以分为几类，简单描述这几种类型？

**答**：仅知掩蔽载体攻击：分析者仅持有可能有隐藏信息的媒体对象，对可能使用的隐写算法和隐写内容等均全然不知,是完全的盲分析。

已知载体攻击:将不含密的已知原始媒体与分析对象比较,检测其中是否存在差异。

已知隐藏消息:分析者知道隐蔽的信息或者它的某种派生形式。

可选隐藏对象:在已知对方所用隐写工具和掩蔽载体的基础上提取信息。

可选消息:分析者可使用某种隐写工具嵌入选择的消息产生含密对象,以确定其中可能涉及某一隐写工具或算法的相应模式。

(10) 简单介绍卡方分析的原理。

**答:** 卡方分析原理:嵌入的时候,如果秘密信息和嵌入位置灰度值的最低比特位相同,不改变最低比特位。反之,则改变最低有效位。比如原始像素值为 35,二进制为 00100011,嵌入秘密信息 0,二进制为 00100010,十进制为 34。隐藏秘密信息的时候,像素值转化的时候,一般是 $2i$ 和 $2i+1$ 之间转换,不存在 $2i$ 和 $2i-1$ 之间转换,也不存在 $2i+1$ 和 $2i+2$ 之间转换。也就是说只可能在 34 和 35 之间转换,不存在 34 和 33 之间转换,也不存在 35 和 36 之间转换。因为如果原始像素值的最后一位为 0,像素值就是 $2i$,如果嵌入秘密信息 1,则最后一位为 1,像素值转为 $2i+1$;如果原始像素值的最低比特位为 1,像素值为 $2i+1$,嵌入秘密信息 1,像素值不变。如果嵌入秘密信息 0,像素值转为 $2i$。

LSB 隐写会使 $2i$ 和 $2i+1$ 的值对出现次数趋于相等,据此采用大数定理可以构造服从卡方分布统计量,计算待检测图像的该统计量可以判定图像是否经过 LSB 隐写。